船舶食品
保障研究

CHUANBO SHIPIN
BAOZHANG YANJIU

主　编／冯　志
副主编／丁俊侠　邹忠义　刘　萌　冀松娅

四川大学出版社
SICHUAN UNIVERSITY PRESS

项目策划：曾　鑫
责任编辑：曾　鑫
责任校对：孙滨蓉
封面设计：墨创文化
责任印制：王　炜

图书在版编目（CIP）数据

船舶食品保障研究 / 冯志主编. — 成都 : 四川大学出版社，2021.8
ISBN 978-7-5690-4888-9

Ⅰ. ①船… Ⅱ. ①冯… Ⅲ. ①船舶－水路运输－食品安全－监管机制－研究 Ⅳ. ① TS201.6

中国版本图书馆 CIP 数据核字（2021）第 165927 号

书名　船舶食品保障研究
CHUANBO SHIPIN BAOZHANG YANJIU

主　　编	冯　志
出　　版	四川大学出版社
地　　址	成都市一环路南一段 24 号（610065）
发　　行	四川大学出版社
书　　号	ISBN 978-7-5690-4888-9
印前制作	四川胜翔数码印务设计有限公司
印　　刷	成都金龙印务有限责任公司
成品尺寸	170mm×240mm
印　　张	15.25
字　　数	292 千字
版　　次	2021 年 10 月第 1 版
印　　次	2021 年 10 月第 1 次印刷
定　　价	59.00 元

◆ 读者邮购本书，请与本社发行科联系。
电话：(028)85408408/(028)85401670/
(028)86408023　邮政编码：610065
◆ 本社图书如有印装质量问题，请寄回出版社调换。
◆ 网址：http://press.scu.edu.cn

四川大学出版社
微信公众号

前　言

海洋经济的发展步入世界经济发展的快车道，其经济总量迅速增加，海洋经济成为经济发展的新增长点。作为海洋经济发展和支撑的运输平台，船舶的影响因素显而易见。受船舶大型化发展影响，海洋运输的航线越来越长，对船舶食品保障的要求也越来越高。本书立足于船舶食品保障的相关领域，对食品保障的基本知识、船舶食品保障的组织与模式、船舶食品的安全检测、船舶食品的仓储等进行系统分析研究，并提出一些建议。本书由海警学院冯志教授担任主编，参与编写的有丁俊侠、邹忠义、刘萌、冀松娅 4 名副教授。具体分工为：冯志负责第一章、第二章、第七章、第八章（部分）共 8 万字，丁俊侠负责第三章（部分）、第四章共 4 万字，邹忠义负责第五章（部分）、第六章（部分）共 2 万字，刘萌负责第三章（部分）、第六章（部分）共 2 万字，冀松娅负责第五章（部分）、第八章（部分）共 2 万字，最后由冯志、丁俊侠同志负责统一修改和统稿。

由于编者水平所限，书中难免有错误之处，其中船舶人员供应标准与用量上只作初步研究，非参考标准，望广大读者和专家谅解并给予指正。

编　者

2021 年 9 月

目　录

第一章　船舶人员营养分析与膳食

第一节　营养素

在自然界，人体与所有生物体一样，不断地与环境进行着物质和能量的交换。人类为了维持生命健康、保证生长发育和从事劳动，每天必须摄入一定数量的食品。食品是营养素和能量的载体，能提供细胞组织生长发育、更新、修复所需的各种营养素，能满足机体从事体脑劳动所需的能量。所谓营养，是指人体每天必须从外界摄取、消化、吸收养料的生物学过程。养料就是营养素。人类所需要的营养素，除氧气外，可分为六大类，即蛋白质、糖类（碳水化合物）、脂肪、无机盐、维生素和水。其中，蛋白质、糖类、脂肪居于重要地位，习惯上称为“三大营养素”，人体对它们每天的需要量较大，是人体生理所需要的最主要的能源物质，因此，又被称为“产热营养素”。

人体每天必须由食物供给一定数量的营养素。人体每天所获得的营养素，有营养素需要量和营养素供给量两个既互为联系又有区别的概念，其中营养素需要量是指为维持人体生长发育、健康和从事劳动必须供给的生理数量。但是，不同年龄、性别、从事不同劳动的人群，由于饮食习惯不同，消化吸收能力差异，以及烹饪加工时营养损失等因素，外界供给的营养素数量，往往要多于生理需要量，以保证大多数人体健康的需要，其中超出生理需要量的多给予的这部分数量，又可称作安全量。所以，在人们实际生活中，包括船舶人员在内，通过食品供给的是营养素供给量。营养素供给量又叫膳食营养素供给量，是根据性别、年龄等差异的特定人群的生理营养需要，结合人们物质生活水平和社会经济发展水平制定的膳食中应供给的营养素最适宜数量。船舶人员营养素供给量标准是制定船舶人员食物定量标准和费用标准的主要依据，也是评估生活水平的重要依据。

一、蛋白质

蛋白质是各类营养素中的第一要素。这是因为蛋白质是生命的物质基础，而人体合成自身蛋白质的原料，完全来源于食品供给的蛋白质。食品蛋白质经过人体消化道消化分解为氨基酸并被吸收后，按照人体组织细胞的生理需要，利用所吸收的氨基酸，在组织内再合成人体组织蛋白。蛋白质这种特殊作用不能被其他营养素所替代。

（一）蛋白质的组成

蛋白质是一类高分子化合物，其分子量少则几万，多则几十万甚至几百万道尔顿。自然界所有蛋白质的元素组成主要是碳（C）、氢（H）、氧（O）、氮（N）四种元素，平均含氮量为16%，这是蛋白质区别于糖类和脂肪的最显著特点，也是蛋白质的功能不能由糖或脂肪替代的原因。构成蛋白质最基本的单位是氨基酸，组成蛋白质的氨基酸有20余种，其中亮氨酸、异亮氨酸、苏氨酸、赖氨酸、色氨酸、苯丙氨酸、蛋氨酸、缬氨酸等8种氨基酸，由于人体自身不能合成或合成速度不能满足机体的需要，必须由食物供给，这8种氨基酸称为“必需氨基酸”；对于婴幼儿还应再加上组氨酸，即有9种必需氨基酸。除了上述必需氨基酸之外，其他的氨基酸人体自身可以合成或由其他必需氨基酸转化衍生而来，统称为“非必需氨基酸”。必需氨基酸与非必需氨基酸对人体而言，是合成人体蛋白质所必需的，是构成蛋白质的组成部分。各类食品蛋白质所含必需氨基酸的数量和种类有很大差异，因此其营养价值也不同。一般而言，动物性蛋白质含氨基酸品种齐全，数量充裕，其营养价值较高；植物性蛋白质则正好相反。

（二）蛋白质分类

蛋白质按不同方法可以有多种分类，从营养学的角度上而言，依据蛋白质来源及其对人体营养价值不同，即所含必需氨基酸的种类、数量、比例的差异，可以分为以下3类。

1. 完全蛋白质

完全蛋白质又叫优质蛋白质。这类蛋白质所含必需氨基酸种类齐全、数量充分、相互比值较符合人体需要，因而消化吸收及利用率较高。动物性食品、大豆及其制品的蛋白质都属于完全蛋白质。完全蛋白质不仅能维持人体的生命及健康，而且促进青少年的生长发育。船舶人员如供给足量的完全蛋白质，不仅能保障健康、维护体力，而且能提高对外界不利环境因素的应激能力，因此在食物标准中，规定了要供应猪肉、牛（羊）肉、禽肉、鱼虾、海米、牛乳粉等动物性食品和黄豆及其制品。

2. 半完全蛋白质

半完全蛋白质含必需氨基酸种类不全或数量不充足，常缺乏赖氨酸、蛋氨酸、苯丙氨酸等。这一类蛋白质能维持人体健康，但不能促进人体的正常生长发育。日常生活中供应的大米、面粉、土豆等植物性食品所含的蛋白质均属于半完全蛋白质。因此，每日膳食中，虽然只供给粮谷类食品，可以满足能量的需要，但是蛋白质缺乏或不足，会影响人体健康及劳动能力，对船舶人员而言，会影响应急能力，从而降低工作效率。

3. 不完全蛋白质

不完全蛋白质完全缺乏必需氨基酸，它不仅不能促进人体的生长发育，而且不能维持正常健康，在膳食供给中也不能完全消化吸收，通常称为质次（劣）蛋白质。动物肉皮、蹄筋、玉米、杂豆类的蛋白质就属于不完全蛋白质。

（三）蛋白质的生理功能

蛋白质是生命的物质基础，是构成人体的重要成分。整个生命过程，就是人体蛋白质不断进行自我更新的过程，这一过程一旦停止，生命就不复存在。因此，蛋白质对人体具有极为重要的生理功能，概括起来有以下几个方面。

1. 构成组织细胞，促进细胞生长、更新及修复

蛋白质是组成人体的基本物质，是细胞原生质最主要的成分。人体各类组织器官、全身的细胞组织都离不开蛋白质，是完成各种组织细胞生理功能的物质基础和基本条件，成年人体内约含蛋白质16.3％，一个体重60kg的成年人约有9.8kg的蛋白质。人体的蛋白质实际上都处在不断的合成与分解过程中，估计每天约有3％的蛋白质被更新，因此，人体每天必须从膳食中摄取一定数量的蛋白质，为体内更新的蛋白质提供合成原料。此外，在生命过程中，机体各部分细胞组织又在不断的衰老、损耗与死亡，新生细胞组织的生长与修复，疾病与创伤修复也需要补充蛋白质。

2. 调节生理功能

人体许多具有生理功能的活性物质，也是以蛋白质为主要组成成分，有的活性物质的化学本质就是蛋白质。例如，人体消化液内消化食物的各种酶、参加细胞内各种生物化学反应的各类酶其本质就是蛋白质；参与机体代谢调节的激素有的也是蛋白质；血浆红细胞中的血红蛋白承担了输送氧气、排出二氧化

碳的功能；肌肉组织内的肌凝蛋白的收缩与伸张，是肌肉运动、人体从事劳动的物质基础；血液内机体抵御疾病的抗体，其本质就是球蛋白；此外，人体的神经传导、核蛋白及其相应的脱氧核糖核酸等主要遗传物质也离不开蛋白质。总之，所有生命现象，人体各种生理功能的调节、有规律的机体生物化学反应都离不开蛋白质，并依赖于蛋白质的不断自我更新而使生命不断延续。机体所耗损的蛋白质，只能依靠食物蛋白质不断补充供给。

3. 供给能量

如果人体每天从食物摄取了超过需要数量的蛋白质，或者摄取了不是机体所需要的蛋白质，那么将对蛋白质分解并释放能量。1g 蛋白质在体内可以提供 4kcal 能量。在正常状况下，人体每天所需能量有 11%～15%来自蛋白质；膳食营养中，蛋白质供给的能量最好应占全天总能量的 12%～15%。

（四）食物来源

任何一种食物均含有蛋白质，但所含数量及其质量彼此之间却有较大差异，如肉类含蛋白质 10%～20%、鱼类含 8%～40%、奶类含 1.5%～3.8%、蛋类含 10%～13%；谷类含 6%～10%、豆类含 20%～40%、薯类含 2%～3%。

膳食中蛋白质主要来源于粮谷类食品，随着人民生活水平的提高，动物性食品蛋白质供给量正在逐年上升。

（五）船舶人员蛋白质供给量

船舶人员蛋白质供给量是以船舶人员从事不同劳动强度而决定其供给数量。平时从事轻度劳动，每人每天膳食中应供给蛋白质 90g、中度劳动 100g、重度劳动 120g、极重度劳动 130g，蛋白质供能比占全天总能量的 12%～15%。船舶工作的劳动人员每人每天膳食中应供给蛋白质 110g 以上。除了上述数量规定外，膳食蛋白质的质量标准为：动物性蛋白质和大豆蛋白质应占摄入蛋白质总量的 30%～50%。

二、糖类

糖类又称碳水化合物，是一类含多个羟基（—OH）的醛（CHO）或酮（=CO）类化合物，是自然界分布最广、含量最丰富的一类有机化合物。人类所需的糖主要靠植物性食品供给。

（一）糖的种类

糖类可以分为单糖、双糖、多糖。

1．单糖

单糖在组成上含有 3～6 个碳原子。日常膳食中的单糖主要有：

①葡萄糖。它是含有 6 个碳原子典型的醛糖，是许多双糖、多糖的基本组成单位，能被人体直接吸收利用。

②果糖。它是含有 6 个碳原子典型的酮糖，主要存在于水果与蜂蜜中，甜度最高。人体吸收后需转变为葡萄糖才能被利用。

③半乳糖。它是乳汁内乳糖（双糖）的组成单元之一，亦为六碳糖。人体小肠直接吸收半乳糖的速率最快，但半乳糖不能单独在自然界中存在，人体吸收的是乳糖的分解产物。半乳糖被人体吸收后需要转变为葡萄糖，然后才能被利用。

2．双糖

双糖是由两分子单糖结合、脱去一分子水以后所构成，在化学上称为单糖缩合构成双糖。双糖易溶于水，但需经分解为单糖以后，才能被吸收利用。

①蔗糖。由一分子葡萄糖和一分子果糖缩合而成，在甘蔗和甜菜中含量丰富。日常见到的白糖、红糖、砂糖都是蔗糖，其主要区别在于榨取、加工工艺的不同而已。

②麦芽糖。由二分子葡萄糖缩合而成。在谷类种子的芽中含量较多，尤其以麦芽中含量最多，所以叫麦芽糖。

③乳糖。由一分子葡萄糖和一分子半乳糖缩合而成，只存在于人和动物的乳汁中，难溶于水。

3．多糖

多糖是由数百万个甚至数千万个葡萄糖分子缩合而成。多糖无甜味，不溶于水，须经消化道分泌的水解酶作用，并彻底分解为单糖，方可吸收。多糖主要有以下 4 种：

①淀粉，是人们日常膳食中的主要成分。淀粉是植物性食物中储藏的多糖，在谷类、豆类、硬果类以及马铃薯、白薯、芋头、山药等块根类食物中含量都很丰富。淀粉经消化道水解酶分解为葡萄糖后方可被吸收，然后在组织细胞内氧化分解为二氧化碳和水，并释放出所含能量，它是人体所需能量的主要来源。淀粉分解为葡萄糖后氧化供能的特点是安全、迅速、经济。

②糊精，是淀粉在体内或体外分解的中间产物。以淀粉为原料制成的食品（如面包、馒头等）在高温下可降解为糊精，表面形成焦黄或棕黄色硬皮；熬米粥时表面形成的黏性膜，都是淀粉分解的糊精。

③糖原，是动物（包括人体）体内储藏的多糖，所以又叫动物多糖。人体

内储存糖原的器官主要是肝脏，称为肝糖原；其次是肌肉组织，称为肌糖原；一般组织细胞内含量很少。当体内缺糖时，比如短时饥饿、剧烈运动则需要大量葡萄糖氧化供能，肝糖原可直接分解为葡萄糖供全身利用，而肌糖原分解后只供肌肉组织利用。

④膳食纤维，是人体消化道不能消化吸收利用的一类多糖的总称，包括纤维素、半纤维素、果胶、树胶、海藻酸盐类物质等。膳食纤维不能被人体消化吸收，但却有显著的生理保健功能，主要体现在：有很高的持水力，因而增加人体排便的体积与速度，减轻直肠内的压力和泌尿系统压力，并使毒物迅速排出体外；膳食纤维还能吸附肠道内的有毒物质、化学药品，促进它们排出体外，具有防病和防癌作用；膳食纤维缚水（吸持水）之后体积增大，对肠道产生容积作用，产生饱腹感，因而对预防肥胖症大有益处。

（二）糖类的供给量

国家营养素供给量标准中都没有规定糖类的具体供给数量，只规定了由糖类产生的能量在每日总能量中所占的比例。每克糖在体内可提供 4kcal 能量。膳食内由糖类供给的能量应占每日总能量的比例为 55％～65％。在船舶人员食品供应中，正常情况下普通人员每日通过主食摄入的糖类，其供给的能量均可达到规定的能量供给标准。

（三）糖类的食物来源

糖类的主要来源为谷类、薯类、根茎类食物，蔬菜和水果是膳食纤维的主要来源。

三、脂类

脂类是脂肪和类脂（磷脂、糖脂、胆固醇等）的总称。脂肪的化学本质是甘油三酯或中性脂肪酸甘油酯，简称中性脂。类脂在分子结构及组成上与脂肪不同，但某些理化性质与脂肪相似，故作为脂类的一种。在营养学上，一般把脂类通称为脂肪。

（一）脂类的生理功能

1. 人体能量的重要来源

在蛋白质、糖类、脂类三大产热营养素中，脂肪是发热量最高的一类热源质，是人体能量的重要来源。每克脂肪在体内可供给 9kcal 能量，是蛋白质或糖的 2～5 倍。在每日膳食中由脂肪提供的能量占总能量的 25％～35％。

2. 构成机体组成成分

类脂是构成机体组织成分，是细胞膜和细胞内有各种功能的细胞器（如细胞核）膜上的重要成分，其特点是含量稳定，不易受外界环境变动而改变，故称“组织脂”。其余储存在皮下等部位内的脂肪，统称为“储存脂”。其含量因人体饥饿或因疾病禁食时，体内能量缺乏，体内会动员“储存脂”进行氧化分解供能，使其含量发生变化，人体变得消瘦。类脂还大量存在于神经髓鞘及大脑皮层内，对人体大脑及神经系统的生长发育、对外环境刺激引起反应能力等具有重要功能。

3. 促进脂溶性维生素吸收

无论动物性或植物性脂肪，都能促进协助人体对脂溶性维生素的吸收。人体因疾病影响脂肪消化吸收时，也会影响脂溶性维生素的吸收，可能导致相应维生素的缺乏症。

（二）脂肪的分类

脂肪从其食物来源看，可分为植物性脂肪和动物性脂肪两大类。植物性脂肪为豆油、花生油、菜籽油、棉籽油、玉米油、芝麻油以及坚果类食品（如核桃、杏仁等）所含的脂肪。植物油的特点是，在常温下为液态，故称油；其分子含有较多的不饱和脂肪酸，不易在血管壁内沉积，有防止动脉粥样硬化的保健功能。动物性脂肪是牛、羊、猪、鸡、鸭、鹅等的体脂，以及乳、蛋、肝、鱼中的油脂。动物油的特点是，在结构内含饱和脂肪酸较多，在常温下为固态，通常称“脂”。饱和脂肪酸食入过多，易在血管壁上沉积，是引起心脑血管疾病的继发因素，故摄入量应适当控制。基于上述原因，在船舶人员食物定量标准中，只规定了植物油供给量标准，而没有规定动物脂的供给量标准。在日常膳食内，植物油与动物脂的供给比例应为 1∶1 较合宜，这样有利于人体健康。

（三）脂类的供给量

在各类供应标准中，没有具体规定脂肪供给数量，只规定了由脂肪提供的能量在全天总能量中的比例。一般船舶工作人员由脂肪提供的能量应占全天总能量的 20%～30%，每天摄入动物性脂肪不得超过脂肪总量的 50%。

四、维生素

维生素是维持身体健康、促进生长发育、调节生理功能所必需的一类小分子有机化合物。各类维生素结构各异、生理功能不同，不参加组织构造，也不供给能量。但维生素具有参与机体新陈代谢、调节生理功能，参与机体内氧化还原过程，调节物质代谢和能量转换的作用。维生素的供给量极微，大多数不能在体内合成或大量储存，必须由食物供给，如长期摄入不足或因其他原因无法满足生理需要时，会引起维生素缺乏症。

维生素的种类很多，习惯上按溶解性分为脂溶性维生素和水溶性维生素两大类。

（一）维生素 A

维生素 A 是一种化学结构比较复杂的不饱和一元醇，其纯品为黄色，最早发现与人体夜视力有关，故俗名叫视黄醇。维生素 A 性质活泼，易被空气氧化和紫外线照射所破坏，所以应储存于棕色容器内避光保存。在油脂中较稳定，一般烹调方法对它影响很小。

维生素 A 存在于动物性食品中，有色蔬菜含有 β－胡萝卜素，β－胡萝卜素被消化吸收后，在人体内（主要在肝脏内）可以转变为维生素 A，因此 β－胡萝卜素又称作维生素 A 原。伙食单位在调配船舶人员膳食时应多供应有色蔬果，可有效防止维生素 A 缺乏。

维生素 A 具有保护夜间视力、维持暗适应能力。这是因为维生素 A 是构成人体视觉细胞内感光物质的原料，因此当维生素 A 长期缺乏时，夜间视力减退，暗适应能力下降，导致夜盲症。维生素 A 参与人体内上皮组织的合成，一旦长期缺乏，会引起内外上皮组织角化、皮肤干涩，降低机体对外界细菌侵袭能力，在眼部引起眼干燥症，在呼吸系统引起炎症。维生素 A 缺乏还可引起生殖系统的上皮组织细胞病变，影响女性生殖机能。

维生素 A 的食物来源，在日常膳食中主要来源于动物肝脏、蛋黄、鱼卵、奶油和鱼肝油，有色蔬菜和水果是 β－胡萝卜素的主要来源。

船舶人员维生素 A 的供给量标准为：每人每天供给 1500μg 维生素 A 当量，并规定其摄入量中至少应有 33％来源于动物性食物。长时间在低照度条件下船舶从业人员，应适时额外再补充维生素 A。我国居民较普遍缺乏维生素 A，在食用油内强化维生素 A，是一种有效的营养干预措施，将可以有效地解决维生素 A 缺乏或不足的问题。

（二）维生素 D

维生素 D 是类固醇的衍生物。其主要功能是调节钙的代谢、促进机体对食物中钙的吸收和利用，促进骨骼的正常生长。如长期缺乏，儿童会引起营养性佝偻病、成人引起软骨病、中老年人则引起骨质疏松症。

维生素 D 主要存在于肝、乳、蛋黄、鱼肝油等动物食品内；此外，皮肤在紫外线照射下机体内胆固醇也可转变为维生素 D，因此只要经常晒太阳，一般不易发生缺乏症。

船舶人员维生素 D 的供给量标准为每人每天 10mg。

（三）维生素 E

维生素 E 在化学构成上含有酚基团，早年又发现与生育功能有关，故又名生育酚。

维生素 E 是高效抗氧化剂，能保护生物膜免于遭受过氧化物的损害；能促进人体新陈代谢，增强机体耐力；能维持正常循环功能，对维持细胞衰老也有一定的作用，因此日益受到重视。

船舶人员维生素 E 供给量标准为每人每天 30mg。

维生素 E 在自然界分布甚广，杏仁、花生、植物油中含量较多，一般情况下不易缺乏。

（四）维生素 B_1

维生素 B_1 的重要功能是参与糖氧化的化学反应，促使糖类释放出所含的能量，此能量用于维持人体神经、消化和循环系统的正常功能。维生素 B_1 主要存在于粮谷类的外皮，如果人们长期进食精加工的大米，维生素 B_1 会随着大米精加工次数过多而丢失；淘米次数过多，或加工主食时加碱，都会使维生素 B_1 大量丢失或破坏。人体膳食内长期缺乏维生素 B_1，糖的氧化受阻，神经、消化、循环系统因供能不足，其功能发生障碍，会出现外周神经炎、肌肉萎缩、心跳加快、水肿等病症，临床上称为脚气病。

维生素 B_1 在体内不能大量储存，需要每日从食物中予以补充。粗粮、豆类、花生、瘦猪肉、猪肝、猪肾、干酵母都是良好的食物来源。某些鱼及可食的软体动物体内含有破坏维生素 B_1 的酶，需加热使之破坏，因此，不要生吃鱼肉和软体动物；此外，以上食品要科学加工和合理烹调，以防止维生素 B_1 额外损失和流失。

维生素 B_1 的功能与人体供能密切相关，因此其供给量随船舶人员从事不同劳动强度而有所区别。从事轻度劳动每人每天应供给 1.5mg；从事中度劳动每人每天应供给 2.0mg；从事重度劳动每人每天应供给 2.5mg；从事极重度劳动的应供给 3.0mg。

（五）维生素 PP

维生素 PP 包括烟酸与烟酰胺两种物质，所以又叫作尼克酸、烟酸。维生素 PP 性质稳定，一般烹调方法对它影响很小。

维生素 PP 在体内参与蛋白质、糖、脂肪的中间代谢，亦与三大营养素的氧化反应、释能过程紧密相关，从而保证神经、消化系统、皮肤的正常功能。当维生素 PP 长期缺乏，会导致神经营养障碍，出现体重减轻、全身无力、眩晕、耳鸣、思想不集中、对称性皮炎、食欲不振、恶心、呕吐、消化不良、腹痛、腹泻、便秘等病症，这些症状，临床上称为“癞皮病”。

维生素 PP 广泛存在于动植物组织中，但多数含量较少。动物肝脏、瘦肉、花生、豆类、粗粮、酵母含量较多。此外，人体所需维生素 PP 还可由体内的色氨酸转变而来。

维生素 PP 功能与能量代谢有关，因此其供给量也与人体所从事劳动强度不同而有所区别。船舶人员供给量为每人每天 20mg。

（六）维生素 B_2

维生素 B_2 为黄色针状结晶物，又名核黄素。在常温下稳定，但在光线照射、碱性环境条件下极易被破坏。

维生素 B_2 也参与蛋白质、糖、脂肪分解代谢及其释能过程，因此是能量转换反应中的重要物质。缺乏维生素 B_2 的典型症状是唇炎、舌炎、口角炎、阴囊皮炎、眼睑炎。

维生素 B_2 主要存在于动物性食品，但在动物的肝、肾、心中含量最多。谷类和一般蔬菜中含量较少。烹调加工如不合理损失也大。船舶人员缺乏维生素 B_2 的比例较大，因此必须注意食物的选配、采用合理的烹调方法以防止缺乏症的发生。

维生素 B_2 与能量代谢有关，供给量亦随热量消耗而定。船舶人员应供给每人每天 1.5～2.0mg。

（七）维生素 B_6

维生素 B_6 在组织内有吡哆醛、吡哆醇、吡哆胺三种形式，它们是参与调节机体代谢过程的不同形态。

维生素 B_6 参与机体能量代谢，参与中枢神经系统活动，参与血红蛋白合成，参与蛋白质、脂肪代谢等多种功能。如缺乏维生素 B_6 会引起红细胞降低、血红素减少、神经系统功能障碍（如惊厥）、脂肪肝。

维生素 B_6 在食物中分布很广，人体肠道细菌又可合成一部分，人体吸收后可被利用，所以一般不会缺乏。船舶人员每人每天应供给 2～3mg。

（八）维生素 C

维生素 C 的化学本质是由六碳糖衍生而来的抗坏血酸。其性质极不稳定，食品加工、烹调不当损失很大。

维生素 C 具有很强的还原活性，参与机体许多重要的生理氧化还原过程。它可以增加大脑氧的含量，激发大脑对氧的利用，提高机体在缺氧和低温条件下对氧的利用，提高机体对缺氧和低温的适应能力，减轻疲劳，提高船舶人员的应激能力。此外，维生素 C 还具有抗感染、抗病防病、促进伤口愈合作用，对药品、毒品的解毒作用，促进铁的吸收。维生素 C 在防治癌症方面有独特功用，它能阻断致癌物质亚硝胺的生成，减轻致癌药物的副作用。

维生素 C 在新鲜蔬菜、水果中含量较高，辣椒、苦瓜、红枣、沙田柚等含量都很丰富。某些野菜、野果中的含量还高于常用蔬菜。北方冬季加工大豆生产豆芽可作为蔬菜淡季供应维生素 C 的一种方法。

维生素 C 性质极不稳定，在蔬菜储存、加工、烹调处理过程中极易被破坏，因此船舶人员供给量要考虑到这些可能的损失。以每人每天计，船舶人员每人每天供给 100～150mg；在高温、寒冷、缺氧条件下工作的人员，应适当增加供给量。

五、无机盐

无机盐又称矿物质。人体含有各种元素，这些元素在体内构成各类化合物，其中除碳、氢、氧、氮构成有机物质如蛋白质、糖、脂肪和水以外，其余元素大多以无机物形式存在，统称无机盐。其中含量较多的，如钙、磷、镁、钾、氯、硫等统称为常量元素；仅含微量或超微量的，如铁、碘、铜、锌、硒、锰、钴等统称为微量元素或痕量元素。

无机盐的种类很多，功能各异，但对人体一般共同的生理功能可概括为：参与机体组织的构成；调节生理功能，维持人体正常代谢；维持体液的渗透压，保持水平衡；维持体液的酸碱度，保持酸碱平衡；维持神经、肌肉的应激性，维持心脏正常功能；激活消化酶的活性；参与某些生物氧化反应，调节能量和物质代谢。

下面就船舶人员供应量中规定的钙、铁、锌、硒、碘等无机盐作一些探讨。

（一）钙

钙是人体含量最多的元素，总量达到 1300g，约为体重的 1.5%～2%，钙主要存在于骨骼与牙齿内，占总量的99%，以复盐的形式构成骨骼和牙齿的重要成分。余下1%的钙以离子态形式存在于血液内，参与血液凝固和调节心脏、神经肌肉活动。

钙主要由食物供给，但膳食中的蔬菜（如菠菜）、竹笋、蒲菜等因含草酸较多，在人体消化道内可以与食品中的钙结合成不易溶解的钙盐，影响钙的吸收。我国居民以植物性食品为主的膳食结构，造成我国各类人群普遍存在钙摄入不足。动物性食品属于酸性食品，可以促进钙的吸收。

钙含量较高的食物有乳类及乳制品、虾皮、蛤蜊、蛋黄、糟蛋、酥鱼、骨粉、海带、芝麻酱、豆腐干、千张、南豆腐、核桃、雪里蕻、芥菜、茴香、油菜、马头兰、榨菜、发菜等。选用蔬菜烹调时，可采用先焯后炒，使所含草酸先溶于水，以减少对钙吸收的阻碍程度。

船舶人员每人每天应供给钙800mg。但实际摄入量可能达不到该标准，因此钙营养还处于较低水平，船舶人员在高强度工作时，损伤时有发生，原因之一与钙营养不足有关。

（二）铁

健康成人体内含铁量仅占体重的0.004%，却是极为重要的必需微量元素之一。人体含铁总量约为3～5g，其中60%～70%在血红蛋白中，3%～5%在肌红蛋白中，其余则以铁蛋白形式储存于肝、脾、骨髓内，血液内不存在处于游离状态的铁离子。

铁是组成血红蛋白的重要原料，机体缺铁可使血红蛋白减少，发生营养性贫血，出现食欲减退、烦躁、乏力、面色苍白、心悸、头晕、眼花、心跳加快、手脚冰凉、指甲脱落、腰膝酸软、注意力不集中等体征。

动植物食品都含有铁，但植物食品内铁的吸收率明显低于动物性食品。含铁较高的食品依次是海带、黑木耳、虾米、银耳、猪肝、猪肉、大豆。

不论劳动强度，船舶人员每人每天应供给铁15mg。

（三）锌

锌在人体内总含量仅1.4～1.5g，尽管含量很少，但一切器官都含锌，其中皮肤、骨骼、内脏、前列腺、生殖腺和眼球中含量较丰富。

锌是许多酶的功能成分，广泛参与机体代谢。当膳食中缺锌时，人体就会出现智力低下，视力差、怕光、蛀牙、牙齿不齐、皮肤干燥、皮肤无光泽、偏食、厌食，机体抵抗力差、指甲有白斑，伤口不易愈合，在我国居民中轻度缺锌还比较常见。

锌的供给量标准是，船舶人员每人每天应供给 15mg。

（四）硒

硒在成年男子仅含 13mg，指甲内含量最多，其次是肝和肾。

硒是构成谷胱甘肽过氧化物酶的重要成分，参与氧化还原反应，它与维生素 E 协同作用，可以阻止细胞膜老化、细胞衰老。缺硒可导致人体易疲劳、精力差、衰老加速、头晕目眩、胸闷、气短、抵抗力差、骨节变大等体征。

食物中硒的含量有地区性差异，我国内陆西部地区为缺硒地带。一般食物均含硒，但谷类、肉类、奶类含量较多。

船舶人员每人每天供给硒为 50μg。

（五）碘

碘在人体内总含量为 20～50mg，其中 20%～30%存在于甲状腺内，是构成甲状腺素不可缺少的重要成分，其余存在于肌肉等组织中。

碘对机体的作用，主要是参与甲状腺素的合成。甲状腺素的重要功能是调节体内蛋白质、糖、脂肪的代谢，一旦缺乏碘，甲状腺素合成受阻，进而影响上述物质的代谢，严重时可导致生长发育迟缓、聋、哑、智力减退，称为克汀病或亚克汀病，俗称大脖子病，从体征上表现为甲状腺肿大。反之，如果长期摄入碘过多，聚碘在甲状腺，那么可引起甲状腺肿。

在我国内陆山区等地域是缺碘区，为了防止碘缺乏，可进食碘化盐，在 1000kg 食盐中加碘化钾 20～50g，若每人每日摄入 20～25g 食盐，即可满足人体对碘的需要。由于政府采取有力措施，缺碘问题已基本得到解决。海产食物如海带、紫菜含有丰富的碘，是碘的重要来源。此外饮水也可获取碘。

船舶人员每人每天应供给碘 150μg。船舶人员一般不会缺碘，但在烹调食品使用碘化盐时，不宜在烹调油加热至高温时加入食盐，在高温条件下碘会挥发而流失，应当在烹调食品烧熟后最后加入食盐，否则会造成人为缺碘。

六、水

水是人类赖以生存的重要条件，其重要性仅次于氧气。虽然一个人一周只喝水而不进食，可维持生命，但是如果失去体内含水量的 20%，那么很快就会死亡。没有水，任何生命过程都无法进行。

成人体内水约占体重的 50%～70%（平均 60%），其中 40%分布在细胞内，构成细胞内液，15%分布在细胞间液，5%在血浆里，另有少量水分布在骨骼、软骨及结缔组织之中。实际上，人体内不存在纯净的水，而是溶解着许多有机物与无机物的溶液，称为体液。人体体液因溶解了大量的有机物与无机物，所以形成了体液的渗透压。人体内各部分体液的渗透压相同，因此体液内的水分可经常在细胞内外之间、组织细胞与毛细血管之间自由地进行交流，但各自的总量维持相对稳定，保持水的动态平衡。

水的生理功能可概括为：构成机体组织，溶剂作用，参加细胞内氧化还原反应，调节体温，输送养料和排泄废物，润滑作用等。

人体每日水分的摄入量，应该与经由肾脏、皮肤、肺、肠等途径排出水分的总量保持动态平衡。在正常气温条件下，肾脏是水分排出主要途径，正常排尿量为 1000～1500mL，这是成人一般情况下每日对水分的最低需要量，为安全计每日每公斤体重应供给 40mL 水为宜。成人水分排出数量是，每日由肾脏（尿液）排出水分 1000～1500mL、皮肤蒸发水分 500mL、肺部呼出水分 350mL、随粪便由大肠排出水分 150mL，每日共计水分排出总量为 2000～2500mL。人体水分摄入数量是，由饮水饮料每日 1000～1500mL，由食物中供给的水分 1000mL，每日摄入合计总量为 2000～2500mL。这样，人体水分在正常气温条件保持着出入量动态平衡。在高温环境或炎热的自然条件下，机体为散热而大量出汗，汗液内不仅大量失水而且丢失无机盐，因此在炎热条件下从事船舶作业，应及时补充水分和混合盐片，维持水和电解质平衡。

生活饮用水不得含有致病菌，细菌总数不得超过国家规定的卫生标准；不得含有毒物质（有毒金属，如铅、砷，汞有机腐败物，工业废水中的有害物质，如酸和甲酚等）。我国对饮用水有严格的法定质量标准。饮用水应透明清凉，并有爽口感；无色无味无臭。饮用水还应符合一定的硬度要求。水的硬度主要指溶于水中的钙、镁等盐类的含量。一个硬度是指在 1 升水中含有相当于 10mg 的氧化钙。一般饮用水的适宜硬度为 10～20 度。某些地区水的硬度超过上述标准，可采用煮沸方法去掉过多的氧化钙；反之，某些地区硬度不足，可多吃含钙、镁丰富的食物以及限制食盐摄入量办法来弥补软水的不足。

第二节　能量

一、能量与能量单位

能量是一种做功的力量，以热能、光能、电能、声能、化学能等形式存在，并能相互转换。和所有生命体一样，人体每时每刻都在消耗能量，这些能量都是由摄取的食物提供的。人体所需的能量是由蛋白质、糖、脂肪在体内氧化分解时释能时供给，能量供给不足或过剩，都会危害健康。

能量的法定计量单位是焦耳（J），1 焦耳相当于 1 牛顿的力把一千克的重量移动一米所需要的能量。在传统上，营养学界习惯于用“千卡”（kcal）表示能量单位。1 千卡是把 1 千克水由 15℃升高到 16℃所需要的能量。两种计量单位换算公式如下：

1 卡＝4.184 焦耳；

1 焦耳＝0.239 卡；

1 千卡＝4.184 千焦耳；

1 千焦耳＝0.239 千卡；

1000 千卡＝4.184 兆焦耳；

1 兆焦耳＝239 千卡。

为便于表达，焦耳用“J”表示；千焦耳用“kJ”表示；兆焦耳又称大焦耳，用“MJ”表示。人体所需能量较大，因此在教材及文献上多使用兆焦耳或千卡。

二、人体对能量的需要量

人体对能量的需要量来自三个方面：基础代谢消耗、体力和脑力活动消耗（劳动消耗）、食物特殊动力作用消耗。

（一）维持基础代谢所需能量

基础代谢是一个综合名词，是指维持体温、心跳、呼吸、神经传导、内分泌活动等最基本的生命活动所需的代谢。基础代谢能量是指机体处于清醒、神经肌肉完全安静与空腹状态下，维持最基本生命活动所必需的最低能量。检测时，机体静卧在 18～25℃的环境中、完全处于休息状态、体温正常、无体力和脑力劳动，在 12 小时前停止进食，消化系统也处于静止状态。

影响基础代谢消耗能量的因素很多，概括起来有：个体的体表面积，即由人体的身高和体重所决定的体表面积，体表面积越大耗能越多，反之亦然；年龄，随年龄增长基础代谢耗能降低；性别，男性高于女性；气温，在寒冷与炎热条件下，比正常气温基础代谢耗能增加 10%左右；此外内分泌激素对其影响也较大。

在一般情况下，从事船舶较大劳动量的基础代谢所需能量为，每小时每公斤体重平均约 4.2 千焦耳（kJ）或 1 千卡。一名体重为 60kg 的人，其基础代谢能量为：$60\times24\times1=1440$kcal。

（二）从事各种体、脑力劳动所需能量

从事各种劳动所消耗的能量，在人体总消耗能量中占主要部分。劳动消耗能量的多少是与劳动强度相关联的。

轻度劳动，能量需要量约为 2600～3000kcal；中度劳动，能量需要量约为 3000～3500kcal；重度劳动，能量需要量约为 3500～4000kcal；极重度劳动，能量需要量约为 4000～4500kcal。

（三）补充食物特殊动力作用额外消耗的能量

食物特殊动力作用是指人体在摄取任何食物时，可使安静状态下的机体发生能量代谢变化，引起能量额外消耗，这表明任何营养素的消化吸收都需要耗能。人们日常进食的是混合膳食，据测定，混合膳食的食物特殊动力作用额外消耗的能量为 150～200kcal。

人体每日所需要的能量由以上三部分因素组成。膳食能量的供给量，取决于人体能量的消耗量，因为膳食内所含的营养素不可能全部被人体消化吸收，所以膳食能量供给量标准应稍大于机体能量消耗量。

三、日膳食能量供给量

人员日膳食能量供给量标准建议见表 1－1。

表 1－1　从事各级劳动强度时膳食能量供给量对比（以每人每日计）

能量	陆上工作人员				海上工作人员			飞行人员
	轻度劳动	中度劳动	重度劳动	极重度劳动	水面工作人员	水下工作人员	深水工作人员	
MJ (kcal)	10.9～12.6 (2600～3000)	12.6～14.6 (3000～3500)	14.6～16.7 (3500～4000)	16.7～18.8 (4000～4500)	13.8～15.1 (3300～3600)	13.8～15.1 (3500～3700)	14.6～15.5 (3500～3700)	13.0～15.1 (3100～3600)

第三节　食品基础

一、食品概念

食品是人类赖以生存、繁衍和从事劳动的物质基础。我国食品卫生法规

定，食品是指各种供人们食用或饮用的成品和原料，以及在传统上既是食品又是药品，但不包括以治疗为目的的物品。按此定义，食品既包括食物原料，也包括加工后的成品，还包括传统上药食两用的动植物原料及其加工品，如红枣、枸杞等，而当归、人参等则不能视为食品。

食物的作用，一是满足人体的营养需要，食品是营养素载体，可提供人体必需的各类营养素；二是满足人们的感官需要或人们不同的饮食嗜好，如对食物的色、香、味、形、质的需求；三是某些食品还具有对人体特定的保健功能。

二、食品种类

（一）粮食

粮食作物一般分为谷类、豆类和薯类。

谷类是我国人民的主要食物，在日常膳食中有80％的能量和50％的蛋白质来自谷类，同时谷类又是B族维生素和无机盐的主要来源。谷类糖的含量最多，达70％以上，谷类糖的利用率也很高，一般在90％以上，为机体最理想经济的能量来源。但谷类所含蛋白质是半完全蛋白质，谷类普遍缺乏赖氨酸，以及蛋氨酸、苯丙氨酸。而豆类却富含这些氨基酸，在调配膳食时，谷类与豆类混食，可以提高其所含蛋白质的利用率，起到互补作用。

豆类包括大豆以及豌豆、蚕豆、绿豆、红豆、小豆、芸豆等，其中最佳的是大豆，而大豆在我国又分为多种，因为黄豆是“豆中之王”，不仅蛋白质含量高（35％～40％），而且质量好，属于完全蛋白质，所以在船舶人员食物定量中专门规定了黄豆的供给量标准。大豆脂肪含量也很高，达15％～20％。大豆还富含钙、磷、铁和维生素B。除大豆外，其他豆类主要含糖和维生素、无机盐，其营养价值不如大豆。

薯类包括甘薯、马铃薯、木薯等，是仅次于谷类的粮食作物。薯类的营养价值与谷类相近，但较谷类富含维生素 B_1、维生素 B_2、维生素PP，而且还含有谷类缺乏的胡萝卜素和维生素C，所以薯类的营养价值较高。

（二）蔬菜和水果

蔬菜和水果是提供人体所需的维生素C和胡萝卜素的重要来源。蔬菜和水果还含有丰富的钾、镁等元素，这些元素在体内代谢的终产物呈碱性，故称为碱性食品，他们与呈酸性的动物性食品保持一定的平衡，维持体内酸碱平衡。

（三）动物性食品

动物性食品是指来源于动物的各类食品的总称，主要包括动物肉类及其内脏，鱼、虾、贝类等水产品以及禽蛋、乳类等，它们是人类膳食中优质蛋白质的主要来源。动物性食品含糖很少，但富含铁、维生素 B_2，水产品还含有丰富的碘和维生素 A。

（四）食用油脂

食用油脂主要指动物脂和植物油。食用油脂是人体能量的重要来源，还提供大量的脂溶性维生素 A、维生素 D、维生素 E 等。使用油脂烹调食品时，不仅可以增加营养价值，而且可以改善食品的色、香、味。

三、食品质量

食品质量又称食品品质。它反映不同社会形态下，不同时期生产技术水平和消费者要求的食品属性的综合，如食品的性质、成分、外观、安全性等。

（一）食品质量的基本要求

食品的质量应具备三方面的基本要求，即对人体无害、具有营养价值和感官性状好。

1. 对人体无害

无害性是对食品最基本的要求，食品工作人员在采购食品时，应购买符合卫生质量的食品。

2. 具有营养价值

食品的营养价值是提供人体维持生命活动、劳动能源和保证健康的因素。

3. 感官性状好

食品的感官性状包括食品的色、香、味和外观形状等。通过对食品的色、香、味、形的感官鉴定，可以辨别食品的新鲜度、成熟度、加工精度、品种特征以及质量变化的情况等。

（二）常见食品的感官检验

感官检验是凭借人的感觉器官来评价和确定食品质量，即通过人的视觉、听觉、嗅觉、味觉和触觉来完成检验工作，主要用于对食品的外形、颜色、光泽、气味、滋味、声音、硬度和弹性等的评定。

1. 大米分级及质量检验

大米分为籼米、粳米、糯米，各类大米按加工精度分级。加工精度是指大米背沟和粒面留皮程度。各等级大米的加工精度分别为：

特等：背沟有皮，粒面表皮基本去净的占 85%以上。

标准一等：背沟有皮，粒面留皮不超过 1/5 的占 80%以上。

标准二等：背沟有皮，粒面留皮不超过 1/3 的占 75%以上。

标准三等：背沟有皮，粒面留皮不超过 1/2 的占 70%以上。

大米质量的检验见表 1—2：

表 1—2　大米质量的检验

项目	优质	劣质
色、香、味	白色有光泽、滋味适口，气味正常，具有大米正常香味	灰暗，米灰多，有发黄、生斑、霉味，甚至有苦味
质地	颗粒完整，质地坚韧，大小整齐	颗粒不完整，质地疏松，碎粒多
杂质	含杂质（米糠夹杂物）少	有赤米、霉粒及害虫，含杂质多
干湿度	干燥，用手一捏成梭形状，前齿咬米发音清脆成碎粒	有潮湿感觉，米粒结块，手指一捏成粉状

2. 小麦粉分级及质量检验

小麦粉按加工精度分成特制粉、标准粉和普通粉三个等级，特制粉又分为特制一等、特制二等。小麦粉质量的检验见表 1—3。

表 1—3　小麦粉质量的检验

项目	优质	劣质
色、香、味	标准粉呈白色，特等粉为乳白色，气味、口味正常	呈暗灰色，有霉味、酸味等异味
杂质	洁净、无杂质	有杂质并有牙尘的感觉
干湿度	干燥，手捏小麦粉后能随手易散、脱落	有潮湿感觉，手捏小麦粉后成团、结块

3. 蔬菜质量的感官鉴别

我国主要将其分成根菜类、茎菜类、叶菜类、花菜类、果菜类和食用菌类 6 大类型。蔬菜质量的检验见表 1—4。

表 1—4　蔬菜质量的检验

项目	优质	次质	劣质
色泽	色泽鲜艳，有光泽	色泽稍暗，有光泽	色泽较暗，无光泽
质地	鲜嫩，挺拔，发育好，无黄叶、刀伤	梗硬，叶较老，枯萎	梗较粗老，黄叶多，缩严重，有刀伤
病虫害	无霉烂，无病虫害	轻微霉斑、病虫害，挑剔后可食用	有很重霉味、虫蛀、空心

4. 肉类及其制品的质量检验

应根据肉类的质量标准进行感官检验。以猪肉为例，首先查验该猪肉是否加盖“兽医卫生验讫”印戳，然后利用视觉、触觉、嗅觉检查肉的外观、色泽、硬度及弹性、气味、脂肪状况等。

（1）畜肉质量的检验（见表1—5）

表1—5 畜肉质量的检验

项目	新鲜	次质	变质
色泽	有光泽，红色均匀	色稍暗	无光泽，呈灰、绿色
脂肪	呈白色，柔软，有弹性，不黏手	脂肪缺乏光泽，呈灰色黏手	脂肪呈灰绿色，无光泽，黏手
气味	具有鲜肉正常的气味	略带酸味或霉味，表面有腐败味	表面和内部都具有腐败味，严重臭味
切面	切面湿润，不黏手，坚实而有弹性	切面色稍暗，黏手，比鲜肉稍软	切面暗灰，发黏，松弛
弹性	表面、切面指压后的凹陷立即恢复	指压后的凹陷恢复慢，且不能完全恢复	指压后的凹陷不能恢复，留有明显的痕迹
处理	可以食用	割除病变部位后，经高温烧煮或盐腌后可食用	不能食用

（2）注水畜肉的检验

直观检验：若瘦肉淡红色带白，有光泽，有水慢慢地从畜肉中渗出，则为注水肉；未注水的瘦肉，颜色鲜红。

手摸检验：用手摸瘦肉不黏手，则怀疑为注水肉；未注水的，用手去摸瘦肉黏手。

纸贴检验：用卫生纸或吸水纸贴在肉的断面上，注水肉吸水速度快，黏着度和拉力均比较小。用火柴点燃，如有明火，说明纸上有油，肉未注水，否则有注水之嫌。

（3）米猪肉的检验

识别米猪肉的方法主要是：注意其瘦肉（肌肉）切开后的横断面，看是否有囊虫包存在，囊虫包为白色、半透明。猪的腰肌是囊虫包寄生最多的地方，囊虫包呈石榴粒状，多寄生于肌纤维中。用刀子在肌肉上切割，一般厚度间隔为1cm，连切四五刀后，在切面上仔细观察，如发现肌肉中附有小石榴籽或米粒一般大小的水泡状物，即为囊虫包，可断定这种肉就是米猪肉。

（4）母猪肉的检验

看猪皮：老母猪肉皮厚、多皱褶、毛囊粗，与肉结合不紧密，分层明显，手触有粗糙感。育肥猪皮色泽光滑，较细腻，毛孔较小。

看瘦肉：老母猪肉色暗红，纹路粗乱，水分少，用手按压无弹性、黏性。育肥猪肉颜色呈水红色，纹路清晰，肉细嫩，水分较多。

看脂肪：老母猪的脂肪看上去非常松弛，呈灰白色，手摸时手指上沾的油脂少，而育肥猪肉的脂肪，手摸时手指沾的油脂多。

看奶头：母猪奶头长、硬、乳腺孔明显。而公猪奶头短、软、乳腺孔不明显。必要时可切开猪胴体的乳房查看，乳腺中如有淡黄色透明液体渗出，就可以基本肯定为母猪或改良母猪肉。

（5）禽肉质量的检验（见表1−6）

表1−6　禽肉质量的检验

项目	新鲜	次质	变质
眼球	眼球饱满	眼球皱缩凹陷，晶体稍混浊	眼球干缩凹陷，晶体混浊
色泽	皮肤有光泽，因品种不同而呈淡黄、淡红、灰白等，肌肉切面发光	皮肤色泽较暗，肌肉切面尚有光泽	体表无光泽，头颈部常带暗褐色
黏度	外表微干或微湿润，不黏手	外表干燥或黏手，新切面湿润	外表干燥或黏手，新切面发黏
弹性	指压后的凹陷立即恢复	指压后的凹陷恢复慢，且不能完全恢复	指压后的凹陷不能恢复，留有明显痕迹
气味	具有鲜禽肉正常的气味	无其他异味，唯腹腔内有轻度怪味	体表或腹腔均有怪味或臭味
肉汤	透明澄清，脂肪团聚于表面，具有特香、鲜味	稍有混浊，脂肪呈小滴浮于表面，香味差或无鲜味	混浊，有白色或黄色絮状物，脂肪极少，浮于表面，有腥臭味
处理	可食用	高温加工后可食用	不可食用

5. 水产品的质量检验

水产品包括鱼、虾、贝、蟹等，这里主要介绍鱼类质量的检验（见表1−7）。

表 1—7　鱼类质量的检验

项目	新鲜	次新鲜	变质
表面	有光泽，有一层清洁透明的液体，鳞片完整，不易脱落，有海水鱼或淡水鱼固有的气味	光泽较差，覆有混浊黏液，鳞片较易脱落，稍有异味	无光，覆有污秽黏液，鳞片脱落不全，有腐臭味
眼	眼球饱满，凸出，角膜透明	眼球平坦或稍陷，角膜稍混浊	眼球凹陷，角膜混浊
鳃	色鲜红，清晰	色淡，暗红或紫红，有黏液	呈灰暗色，有污秽黏液
腹部	坚实，无胀气破裂，肛孔白色凹陷	发软，但膨胀不明显，肛孔稍凸出	松软，膨胀，肛孔鼓出，有时破裂
肉质	坚实，有弹性	肉质稍软，弹性差	软而松弛，指压凹陷不恢复，骨肉分离

6. 蛋类的质量检验

蛋的新鲜感官检验主要靠眼看、手摸、耳听、鼻嗅来综合判定鲜蛋的质量。鲜蛋质量的检验见表 1—8。

表 1—8　鲜蛋质量的检验

项目	质好	质次	质劣
外观	蛋壳毛糙，色泽明快，无霉斑、污染、血迹、裂纹，摇动时无振荡感	蛋壳色泽稍暗，无霉斑，无污染，无裂纹	蛋壳色泽较暗，有霉斑，有异味，振摇时有振动感
灯光透视	蛋体全透光，呈浅橘红色，蛋黄呈出暗影，无异常阴影	透光性较优质蛋差，蛋黄呈现阴影	蛋体不发光，呈黑色或水样弥漫状，蛋黄蛋白分不清
生蛋打开	蛋白透明无色，蛋黄紧密且完整，无臭味，无异味	蛋白无色透明，蛋黄膨大完整，有轻微异味，无臭味	蛋白稀薄，呈灰绿色，蛋黄松散，有臭味或异味

7. 食油质量的检验（见表1—9）

表1—9　食油质量的检验

项目	优质	变质
气味	因品种不同具有特有的香味，无焦臭异味或酸败味	有焦臭味或酸败味
滋味	除小磨香油有可口滋味外，一般油脂无任何滋味，不应有涩味和哈喇味	有涩味和哈喇味
色泽	不同油料、不同加工方法的油脂具有不同的色泽，一般多呈浅橙黄色至棕色，如粗豆油呈琥珀色或炼后呈淡黄色	色泽比正常油的颜色暗淡
透明度	在20℃静置24小时后，透明清澈，不浑浊，无明显淡黄色	在20℃静置24小时后混浊，有杂质
沉淀物	少，若底部的液体有白色臭味或似肥皂水样的，表明油脂水分过多，应及时处理	多

四、食品安全

食品安全，是指食品在生产、运输、加工、储藏、烹调、食用等每一个环节始终保持食品处于良好的状态，在正常食用条件下能保障食用安全，维持和促进健康而不出现任何不良反应。

（一）食品污染及预防

食品在生产、加工、储藏、烹调、食用等环节都可能有某些有毒有害物质进入，形成食品污染，危害食品安全。

1. 食品污染的来源

食品污染通常可分为生物性污染、化学性污染及放射性污染三大类。

（1）生物性污染

其包括微生物、寄生虫（含虫卵）、昆虫对食品的污染。

（2）化学性污染

污染食品的化学物质很多，常见的污染源有化肥、农药，如有机磷，有机氯，含汞、砷的农药，氮肥等。

（3）放射性污染

放射性物质进入食品的主要来源是由于某些地区的放射性物质和放射性“三废”的排放。

2. 食品污染的危害

（1）污染的食品如果带有大量的病菌（或细菌毒素）和有毒化学物质，一次大量被人体摄入时，可引起食物中毒。

（2）污染食品含有少量有害物质时，若长期反复摄入时，可造成慢性中毒，有些化学物质还具有致癌、致畸、致突变等作用。

（3）污染的食品如果带有某些致病菌或寄生虫卵时，摄入人体后，可引起食源性疾病的传播流行。

3. 食品污染的预防

（1）严格食品原料的选择

在采购原料时，要选择经过地方卫生部门检疫检验的食品原料，严禁以病死牲畜作为原料加工之用。

（2）加强储藏过程中的卫生管理

在储藏过程中，要采取科学合理的储藏方法，防止食品发生腐败、霉变和发酵，严禁食用腐败变质的食品，对于发生轻微霉变的食品如花生、黄豆等，在食用前应剔除霉变颗粒。

（3）搞好保障人员的个人卫生

食品保障人员要十分重视个人的卫生，坚持“四勤”：勤洗手和勤剪指甲、勤洗澡和勤理发、勤洗衣服和被褥、勤换工作服和毛巾。对传染病患者或带菌者应立即调离工作岗位。

（4）搞好食品烹调的卫生

食品在烹调加工过程中应做到烧熟煮透，彻底杀灭食品中的污染细菌。对于烹调后的熟食品，一定要生熟分开，严防二次污染。要有防尘、防蝇设备，并放置在洁净、凉爽和通风之处。剩饭菜要处理后存放，下次食用前应再次加热，以防污染细菌的增殖和产毒。

（二）食物中毒及预防

食物中毒是由于食用各种“有毒食物”而引起的以急性过程为主的一类疾病的总称。一般具有下列共同特征：一是发病急，来势急骤，有类似的临床表现如恶心呕吐、腹痛腹泻等；二是发病与进食有关，患者在相近的时间内都食用过同样食物；三是无传染性。

常见食物中毒有细菌性食物中毒、有毒动植物中毒、有毒化学物质中毒等。

1. 细菌性食物中毒

食物被细菌污染后，在合适的温度、水分等条件下会大量繁殖并产生毒素，当达到一定数量后如果被人食用，就会引起食物中毒。细菌性食物中毒，在食物中毒中占有较大的比重。

预防措施：首先要注意食品质量，无论是食品原料或成品，都要求新鲜；其次是要防止食品污染，如做到生熟食品分开、工具容器生熟分开和注意操作卫生等。此外，食品要及时加工，缩短存放时间，并妥善保存食品，以防细菌增长繁殖。

2. 有毒动植物中毒

有些动植物含有某种天然有毒成分，被人误食或食用方法不当就会引起中毒。

（1）河豚中毒

河豚又名气泡鱼，头部呈菱形，眼睛内陷半露眼球，上下唇各有两个形状似人牙的牙齿，鳃小不明显，背部有小白刺，皮肤表面光滑无鳞，呈黑黄色。

河豚含河豚毒素和河豚酸，具有很强的毒性，较短时间内可致人死亡。

集体伙食单位严禁食用河豚，在河豚鱼的产区要注意对其进行识别，防止其混入其他鱼中被误食。

（2）鱼、蟹类引起的组胺中毒

青皮红肉的鱼类（如鳝鱼、鲣鱼、鲐鱼、秋刀鱼、沙丁鱼、竹荚鱼、金枪鱼、甲鱼等）和蟹类中组氨酸含量较高，在一定条件下（特别是自然死亡）能转变为组胺，人食用后产生中毒反应。其主要症状为面部、胸部或全身潮红，头痛、头晕、胸闷、呼吸促迫等。

预防措施：在选购青皮红肉鱼类时，应特别注意鲜度，不要购买死亡的鳝鱼、甲鱼和蟹类等，烹调加工时，将鱼肉漂洗干净，充分加热，采用油炸和加醋（或红烧）烧煮等方法使组胺减少。

（3）贝类中毒

某些可食用的贝类，在摄取了有毒藻类后被毒化。当人们食用这种贝类后，就会发生麻痹性贝类中毒。主要表现为：突然发病，唇、舌麻木，肢端麻痹，头晕恶心，胸闷乏力等，重症者则昏迷，呼吸困难，最后因呼吸衰竭窒息而死亡。

预防措施：经常食用贝类食品的人应注意当地有关部门定期发布的疫情报告，回避中毒风险，在食用贝类时要除去内脏、洗净。

（4）毒蕈中毒

蕈类通称蘑菇或蕈子，属真菌植物，味道鲜美，有较高的营养价值。但有些蕈类中含有毒素，食用后会引发中毒反应，含有剧毒物质的蕈类在食用后会在短时间内致人死亡。

预防措施：尽量避免食用野生蕈类，在野外生存需要食用时，要在有辨识经验的人员指导下进行。

（5）四季豆中毒

四季豆含有皂素，炒煮不够熟透，皂素未被破坏可引发四季豆中毒。症状主要是皂素对消化道黏膜的刺激，引起胃肠炎症状，如恶心、呕吐、腹痛、腹泻等。

预防措施：吃四季豆时，先加水浸泡，或将四季豆放入开水中烫泡，捞出后，再炒熟食用。炒煮时，要烧熟煮透，使四季豆加热至原有的生绿色消失，食用时，无生味和苦硬感，毒素即已彻底破坏。

（6）发芽马铃薯中毒

马铃薯（土豆）发芽后可产生有毒生物碱——龙葵素，食后可引起中毒。中毒症状为先有舌、咽麻痒和胃部烧灼感，继有恶心、呕吐、腹痛、腹泻；严重中毒者会反复吐泻而致脱水。

预防措施：一是防止发芽，马铃薯应存放于干燥阴凉处，避免日光照射；二是不要食用发芽多的或皮肉变黑绿的马铃薯，发芽不多者，剔除芽及芽基部，去皮后水浸 30～60min，烹调时加些醋，以破坏残余的毒素。

（7）豆浆中毒

生豆浆中含有皂素和抗胰蛋白酶等有害成分，如未烧开即食用会引发中毒，主要表现为恶心、呕吐、腹泻等胃肠道刺激症状。

预防措施：主要是要将豆浆煮透。在烧煮过程中出现“假沸”时，可加入适量植物油或消泡剂，待泡沫消失后继续加热至烧开。如再无泡沫上浮，表明皂素等有害物质已被破坏。

（8）鲜黄花菜中毒

黄花菜又名金针菜，新鲜的黄花菜中含有秋水仙碱，食用后会出现呕吐、腹泻、头晕、口渴、咽干等中毒反应，而干制的黄花菜则无毒。

预防措施：要选择干制黄花菜，尽量不要食用新鲜的黄花菜，确需食用的，应将其用水浸泡或用开水烫后弃水炒煮食用，且食用量不宜过多。

3. 有毒化学性物质中毒

有毒化学物质中毒包括金属、非金属、农药、兽药、瘦肉精、亚硝酸盐和其他化学物质引起的食物中毒。毒物来源主要是污染、混入或误食。有毒化学性物质中毒虽然属偶然，但是后果较严重。

（三）加强食品安全保障的主要措施

1. 加强宣传教育，增强食品安全意识

食品安全保障涉及食品生产、采购、运输、储藏、加工、食用等多个环节，要积极开展宣传教育，增强船舶人员食品安全意识，提高维护食品安全的主动性和自觉性。

2. 强化质量检验，把好食品安全采购关

船舶食品仓库验收食材，既要查验数量、价格，更要检查卫生质量，有条件的船舶可根据需要添置卫生检疫设备，强化食品卫生检查和质量验收制度。

3. 合理存放，把好食品安全储藏关

船舶食品要分类存放，合理储藏。食品与非食品分类存放，成品与半成品分类存放，短期存放与较长时间存放的食品分别存放，易吸附异味的食品要设隔离间单独存放。肉类食品应放入冰箱或冷库储存，注意生食、熟食分开；先存放的原料与后存放的原料分开；经初加工的原料与生料分开。

4. 严格卫生制度，把好食品安全加工关

卫生制度是船舶食品管理制度的重要内容。炊管人员要注意个人卫生，体检合格后才能上岗，严格执行食品加工卫生有关规定。

5. 文明就餐，把好分发食用安全关

分餐制是一种安全卫生、文明进步的就餐形式，有利于防止疾病的交叉感染。船舶有关主管部门制定分餐制实施办法应认真贯彻落实，搞好餐厅或就餐场所卫生消毒和分餐餐具消毒，切实保障分发食用安全。

五、食品储藏

食品生产的季节性强，但消费是常年性的，为了解决食品产销之间和淡旺季之间的矛盾，保证供应，满足应急需要，必须做好食品的储藏工作。

（一）食品储藏的影响因素及引起的变化

影响食品储藏的因素很多，主要包括食品的储藏性能、储藏环境条件（如环境温度、湿度、空气、日光等）、食品中的微生物和酶类、金属外包装氧化腐蚀及鼠害、虫害等，这些因素可引起储藏中的食品发生变化。

1. 食品储藏中由微生物引起的变化

（1）腐败

腐败多发生在一些富含蛋白质的动物性食品中，腐败的食品不能食用，因此在储藏食品时应严加防止。

引起食品腐败的微生物很多，主要有枯草杆菌、变形杆菌、马铃薯杆菌、霉菌等。

（2）霉变

霉变是霉菌在食品中繁殖的结果，富含糖类的食品容易发生霉变，如粮食、糕点、面包、蔬菜、干菜、水果等。霉变的食品，不仅营养成分损失，外观颜色变化，而且使食品带有霉味。如果被含毒素的黄曲霉菌污染，那么还会产生致癌的物质。

（3）发酵

发酵在食品工业中有广泛的应用，但在食品储藏中却能引起食品的变质。食品储藏中常见的发酵有酒精发酵、醋酸发酵、乳酸发酵和酪酸发酵等。

2. 食品储藏中的生理变化和生物学变化

（1）呼吸作用

呼吸作用分有氧呼吸和缺氧呼吸两种类型，是鲜活食品在储藏中最基本的生理变化，会消耗营养成分，导致食品营养价值下降，其所产生的热量还能加速食品腐坏变质，而且缺氧呼吸产生的乙醇会引起活细胞中毒，造成生理病害，缩短储藏期限。在食品储藏中应做到让食品保持较弱的有氧呼吸，防止缺氧呼吸。

（2）后熟作用

后熟是瓜果类蔬菜和水果等鲜活食品脱离母株后成熟过程的继续。后熟作用能改进瓜、果的色、香、味及适口的硬脆度等食用品质，达到食用成熟度。但是，瓜、果完成后熟后，容易腐坏变质，很难继续储藏。

（3）萌发与抽薹

萌发与抽薹是指两年生或多年生蔬菜打破休眠状态，由营养生长期向生殖生长期过渡时发生的一种变化。主要发生在那些变态的根、茎、叶等，如马铃薯、洋葱、大蒜、萝卜、大白菜等。萌发与抽薹的蔬菜，其养分大量消耗，组织变得粗老，食用品质大为降低。

（4）僵直作用

僵直是畜、禽、鱼死后发生的生化变化，其特点是肌肉失去原有的柔软性和弹性，变得僵硬的表现。从储藏角度来说，僵直期的肉类，腐败微生物难于生长，肌肉组织致密，基本上保持了肉类和鱼类的原有营养价值，所以适合于冷冻储藏。

（5）软化作用

软化是畜、禽、鱼肉僵直后进一步的变化，其特点是肌肉由硬变软，弹性恢复，是形成食用品质所必需的肉类成熟作用。软化受温度的影响较大，高温能加速软化，低温能延缓软化，因此，冷冻、冷藏可防止畜、禽、鱼肉的软化。

（二）常用食品的储藏

1. 粮食的储藏

（1）大米的储藏

大米对外界温度、湿度、氧气的影响比较敏感，吸湿性强，带菌量多，害虫、霉菌易于直接危害，易导致营养物质代谢加速，在储藏中的霉变与陈化进展速度较快。

大米在储藏时的品质变化，主要是发热霉变和陈化。从常年储藏的角度出发，为了制止大米在储藏期中发热霉变，延缓陈化，可利用秋、冬低温干燥季节，大力通风，降温散湿；在春暖以前，选择一部分水分较低、品质较好的大米进行低温或密仓储藏；对于达到安全水分标准的大米，在春暖以后，采用塑料密封进行气调储藏过夏，并以化学药剂作为高水分大米的临时储藏的补充办法。这些配合使用的方法可归纳为：秋凉以后勤通风，低温密闭趁隆冬，气调储藏过盛夏，化学方法作补充。

（2）小麦粉的储藏

小麦粉的颗粒细小，与外界的接触面相对增大，吸湿能力强，利于霉菌繁殖；氧化作用旺盛，而且容易压紧结块，导热不良，湿热容易积聚，储藏稳定性较差。小麦粉在储藏中的不良变化是发酸变苦、成团结块和发热霉变。

小麦粉是不经淘洗，直接食用的成品粮，要求仓房清洁、干燥、无虫，包装器材应消毒干燥后再使用。在储藏措施上主要是抓合理堆放、密闭隔湿与严防虫害三个环节。

2. 蔬菜和水果的储藏

根据控制温度的方法不同，菜果的储藏可分为自然降温和人工降温两类储藏方式。自然降温储藏的有堆藏、埋藏、窖藏、冻藏和假植储藏及通风库储藏法等，人工降温储藏有冰窖储藏、机械冷藏和气调冷藏等。此外尚有超声波、辐照等先进技术逐渐应用于菜果的储藏，推进了菜果储藏科学的发展。目前我国储藏菜果的主要方法有以下 3 种。

（1）堆藏与埋藏

堆藏与埋藏是最简单和普遍采用的储藏方法，它们的构造简单，防寒保温的物料可就地取材。适于堆藏的蔬菜有洋葱、大蒜、马铃薯、洋白菜、大白菜等。适于埋藏的蔬菜主要有直根和块茎菜，如萝卜、胡萝卜等，某些地区的洋白菜、大白菜、苹果、山楂亦采取埋藏法。

（2）窖藏

窖藏是广泛采用的一种储藏方法，它较好地利用了土壤的不良导热性和湿度，保持较稳定的温湿度。我国各地的窖藏可分为窑窖、棚窖和井窖 3 种类型。

（3）假植储藏

假植储藏是一种抑制蔬菜生长的储藏方法。当蔬菜充分成长后，连根收刨，并密集假植于阳畦、沟、窖之中。由于根部埋在湿土中仍能维持微弱的生长活动，保持正常的代谢过程，从而达到延长储藏期的目的。

3. 肉类的储藏

家畜屠宰后，由于微生物及肉中原有酶的作用，使肉产生各种各样的变化，例如尸僵作用、肉的成熟作用、自溶作用和肉的腐坏等。

鲜猪肉系指屠宰后经预冷但不经低温冷冻的猪肉。宰后未经预冷只经挂晾过程的鲜肉，不可直接放入冰柜或冷藏柜。晾透后冷藏或冷冻可以使肉面周围的湿度高、温度低，防止空气中的氧对血红素的变色作用，使肉保持鲜红的色泽。

4. 水产品的储藏

鱼死后，体内进行着一系列生物化学变化，不断降低鱼的新鲜度。因此，在储藏和运输中，必须设法抑制鱼体内所进行的生物化学变化，如黏液分泌、尸僵作用、自溶作用和腐坏作用。

保存鲜鱼应采取低温储藏法，不但能使鱼的僵硬期延长，自溶作用受抑制，而且更重要的是能抑制腐败细菌的繁殖，使鱼体在一定时期内保持良好的鲜度。

5. 蛋类的储藏

鲜蛋储藏大多采用冷藏法。冷藏法是利用人工制造低温，抑制微生物的生理活动和延缓鲜蛋内容物的变化，一般以 2～－2℃为宜，最低不得低于－3.5℃。相对湿度在 80%～90%之间。出库的蛋要逐步升温至外界气温，以免蛋壳表面凝结水分造成霉菌繁殖。

6. 食用油脂的储藏

食用油脂的储藏分为池存和小容器储存（铁桶、木桶等）两种。油脂装桶时，不可过少，以免浪费包装器材，但也不可过满，以免油脂因热膨胀溢出。食用植物油脂，储藏温度不必太低，以免油脂凝结变稠。

在储藏过程中要经常检查油的质量情况，可用玻璃管将油取出观察，如颜色透明，滋味正常者为好油；如混浊不清，涩口发酸，或有其他异味者，则为变质现象。

六、压缩食品

压缩食品是指按规定的技术标准供应的各类制式食品的总称，也是目前船舶人员食品保障的重要形式之一。

（一）压缩食品的主要技术特性

压缩食品除具有一般食品的营养功能、感官功能及安全性能外，还必须具备适应海上特殊环境的应急指标。

1. 体积小、重量轻、便于携带食用

减轻负荷量，是提高储存、加大供应的基本措施，因此要求压缩食品重量轻、体积小，开启容易，食用方便。

2. 营养密度高、营养结构合理

营养密度是指单位体积重量的食品中所含的热能和营养素的数量。为了提高营养密度，压缩食品一般选用优质原料，制作时常采用压缩、脱水、真空干燥等加工技术，必要时，还要采用营养强化的方法，以弥补天然食品中某些营养素不足或加工过程的损失。

3. 感官性状好，可接受性和连食性强

压缩食品的可接受性和连食性是指压缩食品的色、香、味、形、质地等感官性状好、适口性强、数餐或数天连续食用仍能被大家所接受而不厌恶食用，提高压缩食品的可接受性和连食性是研制压缩食品应考虑的重要问题。

4. 安全性能好，保质期、保存期长

食品的安全性直接影响人体健康和工作效率，压缩食品的安全性能要求高，对包装材料、理化卫生指标、保质期与保存期等技术性能的要求更为严格。

（二）压缩食品的分类

压缩食品可分野外食品、远航食品、救生食品和通用食品四类。

1. 野外食品

野外食品是指特殊情况热食供应困难时食用的制式方便熟食品。按环境不同分普通野外食品和特殊野外食品。按使用对象、人数不同，分单人野外食品和集体野外食品。

2. 远航食品

其指船舶人员远航时的专用食品，主要为长时间航行人员提供保障。

3. 救生食品

其是船舶人员遇险待救时用于维持生存的专用食品，主要是船舶救生食品。通常按人份组合配套，具有体积小、重量轻、能量高、耐储存和食用方便等特点。

4. 通用食品

通用食品也叫补助供应食品，是指按规定的技术标准生产，供平时和应急时生鲜食物供应困难的食用的食品的统称，包括各类罐头、软罐头、脱水蔬菜等。

（三）压缩食品的管理

压缩食品的管理与正常的食品物资管理基本相同，但由于压缩食品除含极少量的无机物和化学品（如食盐、味精、有机醋）外，均为结构复杂的有机物，易变质腐败，加上有的食品在制作中经过脱水和压缩加工，含水量少，易吸湿返潮。所以，压缩食品的保管要特别注意防雨、防潮湿。压缩食品只有在热食供应不上时，经船舶管理负责人批准方可食用。在发给个人前，必须有专人看管，不准随意动用。领到压缩食品后，必须妥善保管。对于按要求消耗的压缩食品，要做到随耗随补，以保持船舶远航时的应急需要。

第四节　船舶人员的营养与膳食保障

一、船舶人员合理营养的基本要求

合理营养，是指膳食中所含的能量能满足人体需要，营养素种类齐全、数量充足、比例合理，与人体需要相适应。合理营养的基本要求可概括为以下5点。

（一）能满足人体对能量和营养素的需要

船舶人员从事不同强度的劳动，对能量和营养素的数量需求不同。因此应根据人员的劳动环境、劳动强度和时间，适时调配膳食，以满足机体对能量和营养素的需要，使得机体消耗与补给处于动态平衡。

（二）对人体健康无害

合理的营养，要求有害物质的含量在国家规定的卫生标准以内，要求进食的食品新鲜、干净，没有腐败变质现象。

（三）食品多样化，具有良好的感官性状

食不厌杂，多样化食品所含的营养素可彼此取长补短，使人体达到营养平衡，提高消化吸收率，能让就餐者产生强烈的食欲。

（四）膳食应具有饱腹感，易于消化吸收

人体进食的食品数量要足，能使人体产生饱腹感。饱腹感可使人体集中精力安心工作，有利于提高劳动工作效率。

（五）膳食制度合理，进餐环境良好

膳食制度是指将全天的食物定时、定量、定质地分配给就餐者的一种措施。合理的膳食制度应实行三餐制，即合理地安排一日的餐次、两餐之间的间隔和每餐的数量和质量，使进餐与日常生活制度和生理状况相适应，并使进餐和消化过程协调一致。不同餐次能量与食物分配比例如下：早、中、晚餐比例是 3∶4∶3。还应根据各自条件营造整齐清洁、优美舒适、雅静明亮的船舶就餐环境；炊管人员应做到文明服务，使就餐者在满意的环境内心情舒畅地进餐。合理的膳食制度是保证合理营养的一个重要环节。

1. 餐次和间隔

餐次及间隔应以胃功能恢复和食物从胃内排空时间来确定。根据我国人民的生活习惯，正常成人一日三餐，两餐之间相隔 4～6h。因为混合膳食在胃内停留约 4～6h，所以两餐的间隔时间太长，会有高度的饥饿感，影响耐力和工作效率；间隔太短，消化器官得不到适当休息，功能不易恢复，又影响食欲和消化。所以两餐间隔 4～5h 或 4～6h 为宜。

2. 用餐时间

用餐时间应该和生活工作制度相配合，例如，早餐可在上午 7 时前后，午餐约为中午 12 时，晚餐可在下午 6 时左右等。每餐用餐时间一般为 30 分钟。对于生活工作制度比较特殊的人，例如船舶夜班工作者，则参考其生活工作制度适当调整。

3. 各餐食物分配

全天各餐食物分配要适应劳动需要和生理状况，在一般情况下最好是午餐较多，早餐和晚餐较少，即早吃饱、午吃好、晚吃少。早餐：起床后食欲较差，但是为了满足上午工作需要，尤其是从事体力劳动，必须摄入足够的能量，食物能量应占全天总能量的 25％～30％。午餐：既要补充上午能量消耗，又要为下午的工作做好储备，所以在全天各餐中占的能量最多，占全天总能量的 40％，并可多吃些富含蛋白质和脂肪的食物。晚餐：夜间睡眠，能量消耗

不大，能量摄入要稍低，占全天总能量的30%～35%。晚餐的食物选择以清淡为宜，可选择蔬菜、含糖类较少和易于消化的食物。如果过多地进食较难消化的蛋白质和脂肪，那么容易影响睡眠，特别是在船体晃动的情况下，且使胆固醇容易在血管壁沉积。

二、船舶人员科学膳食的调配

科学膳食，又称合理膳食、平衡膳食或健康膳食，是指粮食类、动物类和豆类、蔬菜类和食用油脂类等多种食品构成比例合理，并能达到船舶人员营养素供给量标准的要求。

船舶人员科学膳食的调配原则有以下4个方面。

（一）粮食类

粮食类在日膳食构成中的比例，应占膳食摄入总量的30%～40%。每天供给粮食650g符合该要求。

（二）动物类和豆类

动物类和豆类每天的摄入量，应占膳食摄入总量的15%～25%。海上人员供给500g，占膳食摄入总量的28.5%，其供给量符合该比例要求。

（三）蔬菜类

蔬菜类食品每天的摄入量，应占膳食摄入总量的30%～40%。各类人员每天供给750g，其中有色蔬菜应占3/5，其供给比例符合要求。

（四）食用油脂类

食用油脂类应占膳食摄入总量的3%左右，即在不同工作环境，每天供给的油脂为50～80g。

三、陆上人员的营养与膳食保障

在平时，船舶人员着陆后工作与生活秩序相对稳定，食品物资易于筹措，膳食制度易于坚持，平时实际膳食营养水平往往超过规定的营养素供给量标准，这时要防止发生营养过剩现象。在任务重、变化大、转移快的情况下，人员能量和各种营养素消耗增大，这时膳食要做到量足质优、供应及时，防止营养不足而影响工作。总之，人员平时膳食保障应做到：坚持一日三餐制，坚持订食谱制度，坚持略有节余。

在担负较大体力劳动时，精神高度紧张，体力消耗大，为保证工作顺利完成，保障人员在膳食保证上应做到：供应高糖、高脂肪、高蛋白的热食；供应新鲜蔬菜，对维生素供应要保证充裕。

四、海上人员的营养与膳食保障

海上人员是指在海面船舶上生活、工作的船员。在船舶上生活与工作，易受高温、高湿、颠簸、噪声、热辐射和风暴等外界环境因素的作用，消化功能和机体营养代谢受到一定影响，导致能量消耗增加，蛋白质、维生素分解代谢加强，体力下降。为了保证海上人员的健康，在海上工作期间，船员的膳食保障应做到：航行前依据船艇航行期的长短，在船艇食品库容量有限的条件下，充分准备好食品；食品要新鲜质好，废物少，耐储存，烹调方便；注重食品卫生，饭菜品种要力争做到品种多、质好、量足，对晕船、呕吐、不思饮食的人员，应供给少量多餐次的稀饭、面条、烤馒头片，副食多供应咸菜、新鲜蔬菜和榨菜，少供应肥猪肉和鱼类食品。人员呕吐后，应劝导尽量进食，以防空腹呕吐而至胃黏膜出血。维生素 B_6 有防止呕吐的作用，必要时可以适量口服维生素 B_6 片剂。

五、高温条件下船舶人员的营养与膳食保障

高温环境是指由自然热源（如阳光）和人工热源（如生产性热源）而引起的特殊环境。通常把 35℃以上的生活环境和 32℃以上的工作环境视为高温环境，高温条件下人体的皮肤血管扩张，皮肤血流量增加，皮肤温度增加，通过辐射和对流方式使皮肤的散热增加；汗腺大量分泌显性汗，每小时出汗量最高时可达 1.5L，体内水分与无机盐及水溶性维生素大量流失。

在高温条件下，人体代谢发生改变的特点是：基础代谢率增加，蛋白质分解增强，水分与无机盐大量流失，维生素分解加强。为保证人员健康，高温条件下的膳食保障应做到：保证及时供应充足的饮料，既要补水又要适量补盐，补充方法是少量多次，可使排汗减慢，防止食欲减退；提供营养适宜的膳食，多供应含维生素 C 和胡萝卜素的绿叶蔬菜和有色蔬菜；供应汤料，在配餐中供应凉稀饭、美味凉汤，进餐前先喝点饮料或汤料，以促进消化液分泌，有助于促进食欲；在菜肴中适当加入葱姜等各种辛香调味料，以促进食欲、促进消化。

六、寒冷条件下船舶人员的营养与膳食保障

人体最感适宜的气温是夏季室内 24～26℃、冬季室内 16～20℃，当气温下降到 10℃以下时，人体的体温调节中枢开始发生适应性变化，因此 10℃为

人体环境低温的界限。本书所说的寒冷条件下的营养膳食即是指环境温度低于10℃时船舶人员的营养与膳食问题。在我国，低温气候环境主要分布在纬度较高的东北、华北、西北地区以及北部海区。这些地区的寒冷条件具有持续时间较长、气温持续较低的特点。

在寒冷条件下，人体代谢会发生适应性变化：能量消耗增加；消化机能增强；机体供热机理由以糖分解氧化供能而逐步转变为以蛋白质、脂肪氧化分解供热为主；尿量排出增加，随之无机盐排出也增加；维生素分解加速等。为保障寒冷条件下船舶人员的健康，其营养要求是：增加能量供应量；供给优质蛋白质，并适当增加数量；提高维生素供给量；适当增加无机盐摄入量。

为此，在膳食保障上可采取以下措施。

供给高能量膳食。饮食中增加粮食和油脂的供给量，副食品调配要选择脂肪含量高、优质蛋白质丰富的食品，如大豆及其制品、肥瘦畜肉、禽蛋类等动物性食品。饭菜以浓厚为宜、味浓色重。加工方法多采用烧、焖、炖、煮等。

供给新鲜蔬菜。选择含胡萝卜素、维生素 B_2、维生素 C 多的蔬菜，如胡萝卜、雪里蕻、大白菜等。加工时尽量避免维生素的人为损失，有条件时应多供应深色蔬菜。

供给热食。重视采取主副食保暖措施。

第二章　船舶食品物资类别与管理

船舶食品物资管理，是指船舶伙食单位对食品物资从条购、储存到消耗使用过程中的各种管理活动的总称，主要包括食品物资的储存和使用两个方面。

第一节　船舶库存食品物资管理

船舶人员伙食单位的库存食品物资主要有粮食、副食、燃料、器材等。库存物资管理是食品物资采购与使用消耗的中间环节，管好库存物资，防止自然与人为损坏，对提高物资保障效益十分重要。

一、粮食管理

船舶人员伙食单位库存管理的粮食主要是指大米与小麦粉。大米与小麦粉的质量特点是吸湿性强，吸湿以后其呼吸作用增强，很容易发热变质，也易于生霉、生虫，给储存带来一定的难度。因此应采取以下措施。

（一）专库存放

库房应保持干燥，无漏水、返潮现象发生；便于通风，门窗密封要良好。库房内应保持清洁、整齐，各类粮食分类存放，米、面要有专门的存放柜。存放时要做到四不靠，即不靠墙、不靠门、不靠窗、不靠地。

（二）专人保管

实行专人保管，在保管过程中，要定期检查，倒垛和通风换气，以防止粮食发热，防止虫蛀和鼠咬，防止外流、被盗，严格出入库登记，做到日清月结，账物相符，如发现丢失和短少，应及时查明原因，妥善处理。

（三）推陈储新

船舶人员伙食单位在食用粮食时要坚持推陈储新。此外，要把握好储存期限，通常同批粮食储存期限一般控制在一个月以内，雨季控制在半个月左右，并根据航行期做适当调整。

二、副食品管理

船舶人员伙食单位库存食品数量多、品种杂、用量大、易变质，因此切实做到以下两点尤为重要：

（一）合理储量

由于副食品储存时间较短，易损耗，所以应根据气候条件、消耗量多与少，以及食品本身的储存性能，合理安排好储量与期限。在不影响食用需要的前提下，应最低限度地控制储存数量。植物性食品注意储存，动物性食品应在冷冻柜内储存，鸡蛋宜在 2～4℃环境内存放。

（二）分类存放

副食品的品种多，储藏中发生的变化也不相同，因此应将不同性质的副食品，分类存放，妥善保管。

豆类及其制品的贮放。豆类在温度高时吸湿性强，温度低时吸湿性弱，如果保管不善易发生走油、赤变，轻者影响成品加工的质量，重者造成浪费。因此，豆类在保管中要注意适时通风，并与其他副食品分开存放；豆制品在常温下应晾干存放、保持通风，最好是在冰柜或冷藏柜内低温储存。

肉类及蔬菜类存放。肉类在储存中最易受外界细菌、温湿度等因素的影响而发生腐败变质，因此储存的首要条件是分开储存，以确保不同制品的食品质量。蔬菜存放应放在可通风的放物架，叶菜与其他菜类分开存放，以免腐烂后相互污染。食用时，应先食用不易保存的叶菜。储放土豆要经常翻动通风，防止生芽以免产生有毒的龙葵素，后者如不去掉，食用后易引起人体食物中毒。对冬储菜的管理，要控制好菜窖的温湿度，以免因腐烂而造成浪费。

调味品的存放。选择好调味品的存放容器，并加盖，贴上标签，以便区分。各种调料不宜存放过久，以免变质。

副食品库要指定专人负责，坚持出入库登记。对购买回来的副食品坚持实物验收制度，防止短斤少两、以次充好、少购多报等不良现象发生。出库时坚持消耗登记制度，定期盘点库存，做到账物相等。

三、炊事燃料管理

炊事燃料管理应把握好以下4点：一是防变质，二是防雨淋，三是防风耗，四是防自燃。

四、饮食器材管理

饮食器材按其性质分，主要有铁制品（如刀、桶、锅等）、铝合金制品（如铝饭菜盆、7.5kg油桶）、竹木制品（如蒸笼）、棉麻制品（如麻袋、面袋）等。由于其制品大多数属于低值易耗品，因此，要保持好制品的性能，在储藏中应做到以下两点：

一是分类保管。不同性质的饮食器材，管理要求不尽一致。一般来说，铝制品和铁制品要求储藏在干燥库房内，其库房相对湿度不超过70%；禁止与酸、碱、盐类物资混放；堆垛不宜过高，垛底应垫防潮纸或垫木；如有生锈要及时保养。对竹木制品和棉麻制品的储藏，要注意防霉和虫蛀，还要防止暴晒。对专用的食品器材，要有固定的位置，按不同的保管要求存放有序，以利用快速保障。二是要登记造册。对购买的或领取的饮食器材，要及时登记造册。

第二节 船舶在用食品物资管理

船舶在用食品物资，是指由购买或库存物资进入消耗或使用过程的物资的总称。在用物资管理是食品物资管理的最终环节，合理、高效地发挥在用物资的效益，是衡量食品物资管理水平的主要标志。

一、船舶在用物资管理的特点

船舶食品在用物资的品种多，其功能也不相同。大致可分为三类：一类是食物形态的转变。如大量的主副食、调料等，经过膳食加工后，转变为广大船舶人员可食用的日常膳食而被消耗掉，为船舶人员提供各类营养素和热能；二是实物的消耗，如炊事燃料、水、电等；第三类是物化性能的转变，如各类食品的加工机械、炊具、厨具、餐具等。由于它们共同参与使用，使得在用物资管理上呈现不同的特点。

（一）实物品种多

直接参与食品保障的物资品种多达上百种，就一日三餐而言，作为原材料的主副食品种就有数十种。如此众多的食物品种，如何科学合理搭配，如何进行加工制作和分配消耗，使其发挥最大的经济营养效益，必须抓住量化的规定性，既要符合国家标准要求，又要满足广大船舶人员的饮食习惯和食欲爱好，这是实物品种多的特点和要求。

（二）物资流动快

食物消耗具有连续性和时效性的特点，从采购、库存、加工到食用，其中任何一个环节保障质量下降都会直接影响到在用食品物资的整体效益。因此，加强物资消耗过程质量控制、健全各项规章制度意义重大。

（三）技术要求高

船舶食品物资的消耗过程，离不开人与设备、物资之间的组合。设备与物资具有技术性能，但必须是人去使用与掌握，食品物资才能发挥潜在的技术效益，因此必须与技术相结合，达到会使用、会维护、会管理，技术要求高。

二、船舶在用食品物资管理的方法

船舶在用食品物资管理是集人力、食物、器材于一体化的管理阶段，它集中体现着食品保障的综合效益。因此应围绕在用食品物资特点，有针对性地展开工作。

（一）定人管理

定人管理，就是在食品物资使用过程中，指定专人管理，实行在用物资管理责任制，充分发挥使用者的主观能动性，做到合理使用物资。

1. 明确分工

炊管人员是在用物资的直接参与者。食品物资品种繁多，特性各异，因此在使用过程中，必须明确分工，各类物资要专人使用，专人保管。日常消耗的主副食、燃料要定人负责、专人使用。在用食品器材坚持使用和管理相结合，谁使用谁管理。人员分工要保持相对稳定，应有利于不断提高使用技巧（能），有利于摸索使用规律，以达到科学使用。

2. 落实责任

按照责、权、利相一致的原则，建立各种在用物资管理责任制。伙食单位要对在用物资管理过程加强监督和检查，对使用效果进行评估，奖罚分明，落实责任。

（二）定向管理

定向管理，就是按照物资的用途和规定的范围进行有效管理，确保在用物资处于良好的使用状态。

1. 按性能使用

食品物资，品种繁多，各自都有一定的性能，船舶人员使用人员要了解各种物资的性能、特点，按其性能使用。例如主食、副食品，有的怕冻，有的怕热，有的怕潮，因此在使用中要注意控制温度、湿度，防止食物受到污染。食品器材中的铁制品，质地脆硬，应避免与生硬物相碰，而在高热时骤然遇冷易炸裂，因此在高热下不能突然加冷水；熟铁制品易生锈，怕酸、碱、盐，使用保管中要注意防潮和酸、碱、盐侵蚀，用后应及时擦拭干净；镀锌铁皮桶、盆，切勿装酱油和醋；铝制品怕酸、碱、盐的侵蚀，怕碰撞，熔点低，不能长时间装酸性物品和热干炒等；竹木制品在潮湿的环境下，易被虫蛀、腐烂，受日光暴晒易裂纹、变形，用后应放在阴凉干燥处；棉麻制品，吸湿性较强，怕酸、碱腐蚀，用后要保持干燥；压力锅等特种器材必须严格按其操作规程使用，以免造成损坏，甚至出现事故。

2. 按范围使用

食品物资具有通用性，这就给管理工作带来一定困难，为了保证食品物资用于食品保障，必须坚持按规定的范围使用。一不准虚报冒领，二不准调换其他物品，三不准到市场上出售，否则要追究当事人责任。

副食、燃料要防止外流。不准私人在伙食单位内购买或随意吃、拿副食品；不准将炊事燃料用于取暖或挪作他用，否则要追究当事人责任。

（三）定量管理

定量管理，是根据标准和膳食计划的要求，结合实际情况，定时定量地消耗食品物资的一种管理方法。

1. 定量包干

定量包干是按照食品供应标准规定的数量和期限，结合任务及季节变化包干使用。定量包干既包括消耗的实物数量，也包括费用的使用，这就要求炊管人员做到先算后吃、精打细算，计口下粮，防止浪费。

2. 综合利用

主副食品在加工过程中，为了节约使用，应做好综合利用的工作，以提高原材料的利用率。如菜帮、菜叶、菜根，不随便丢弃，可作为小菜制作的原料。生产旺季吃不完的蔬菜，可制作腌菜、干菜，不能随意浪费，做到旺季不烂、淡季不断。

第三章　船舶食品保障技术与发展

第一节　船舶食品处理技术

一般来说，食品的保存处理可分为高温处理和非高温处理。目前，国内外有 10 多种先进技术用于或有可能用于舰艇给养食品的消毒和保存处理。

一、干燥处理技术

干燥法用于保存食品已有数千年的历史。虽然用干燥法处理食品不能使微生物失活，但是食品在经干燥处理后，水的活性和化学反应所需的水量均大大降低，从而使微生物的生长、酶的活性及生化活性都明显减弱。因此，可与其他杀菌处理法联用，以进一步提高食品的货架寿命，例如冷冻干燥技术和渗透脱水技术。

冷冻干燥技术。在冷冻干燥过程中，食品被冻结，然后在真空下，冰在热的作用下升华。这种干燥方法可保持食品的细胞结构，因此，能更好保持食物的原有味道和香味。适当的包装品可抑制细菌的生长，使食品安全地保存相当长的时间（5～20 年）。但是，食品的风味、颜色和质地会发生变化，而且储存的 5 年内，食品的接受性会降低，当储存温度高于环境温度时更如此。现在，冷冻干燥食品用于航天飞机和国际空间站的饮食保障。

渗透脱水技术。渗透脱水是通过将食品小块浸泡在活度较低的水、盐或糖溶液中进行脱水的技术。渗透压使水从食物小块中渗析出来后进入溶液中，而吸湿剂则取代了食物中的水。应用这一技术可使强化营养成分，如钙、叶酸等。一般来说，含水量降至 15%，水的活度便降低至 0.85。这种水活度受控技术被用于淀粉制品（如意大利面、米饭、面条、某些软质烤制食品及动物蛋白食品）的保存，用该法进行干燥处理的食品也被称作中湿度食品。

二、辐照处理技术

低剂量辐照处理技术具有杀菌作用，被视为一种新的非热处理技术。它不仅使新鲜食品食用安全，而且可以大大延长食品储存时间，减少食品损耗。

辐照处理需使用 γ 或 X 射线，但需将其强度控制在不至使被照食品产生放射性的水平。辐照可延缓某些自然发生的过程，如生鲜水果和蔬菜的催熟或衰老，并使微生物失活和抑制腐败。经辐照处理后，食品可保存 2～5 年。同时，为了使食品具有较好的稳定性和风味不受影响，须将食品冷藏保存。

目前，世界上已经有几十个国家准许应用辐照食品。美军将辐照技术主要用于延长水果、蔬菜、香料的保质期以及鸡蛋、鲜禽肉及其他肉类的保存。如果高剂量辐照技术的应用得到批准，该项技术还将用于作战口粮的灭菌处理，不仅可提高杀菌效果，而且可更好地保持食品的色泽和营养。NASA 主要将该项技术用于处理肉类食品。虽然辐照处理技术已应用多年，但是关于其应用安全性的资料还依然不足。

三、膜过滤技术

膜过滤也是一种常规技术，可按颗粒大小分 5 种类型：微粒过滤、微过滤、超过滤、纳米过滤和反渗透。处理时，需施加一定的压力，使滤液透过膜，而潴留物则被挡回或留在膜表面。超过滤可使细菌和霉菌从食物中分离出去，但是，膜须定期处理，以防细菌的滋生。同时，在膜过滤工艺中，膜堵塞也是一个主要过程。

四、高压电场脉冲杀菌技术

高压电场脉冲杀菌是近几年出现的一种新颖食品灭菌技术，可杀灭大肠杆菌、鼠伤寒杆菌、链球菌、乳杆菌假单胞菌属、肺炎杆菌、金黄色葡萄球菌、白色念珠菌、里斯德杆菌等。研究表明，影响高压电场脉冲杀灭菌生物效能的主要因素有：电场强度、脉冲形状、脉冲持续时间、处理时间或脉冲数量、食品离子温度以及食品温度。在所有脉冲波形中，矩形脉冲灭菌效果最佳。高压电场脉冲可致微生物细胞膜破坏，病毒失去活性，酵母死亡。用于处理食品时，高压电场脉冲杀菌技术具有产热少（仅升温 1～2℃），灭菌效果好，食品极少发生物理和化学变化的特点，故食用安全，且食品营养素极少受到破坏。

五、超高压食品处理技术

超高压食品是近些年来出现的一种新颖食品。它是利用超高压对食品进行处理，以达到杀菌、延长食品储存期的目的。它是一种在常温下用超高压方法处理食品的技术，不会破坏食物中的维生素等多种低分子物质，能较好地保持食品原有的色香味，因而作为一种食品加工杀菌技术而引人注目。超高压食品则以其营养价值高和保持原有风味而受消费者青睐。

超高压直接应用于食品处理则是由日本京都大学林立丸教授与 1987 年提出的。研究表明，在常温下（15～25℃），当食品暴露于 100～700MPa 的高压时（暴露时间 30min），食物中的细菌均可被杀灭。但是超高压对于耐高压的酶和孢子（如肉毒杆菌）的杀灭效果较差。与高压处理有重要关系的因素包括：压力、温度（－20～120℃）、水的活性和 pH 值。为此，一方面需适当调配食物的 pH 值，另一方面若将超高压与加热（温度在 70～100℃范围内）结合起来使用，便可有效杀灭食物中的孢子和酶，从而延长食物的保存时间。

实验证明，超高压食品处理技术具有下列明显特点：与用高温灭菌处理的食品相比，其营养价值高，食物中的维生素等多种低分子食物在超高压处理过程中基本不被破坏；在室温条件下可保存较长时间，鲜度好，并能较好地保持食品的原有色、香、味；加工工艺较简单，无污染。

目前，日本、美国、英国正积极开展超高压食品保存技术研究，并将该技术应用于军用口粮。科技人员正设法将超高压技术扩展应用于生产高质量、货价质量稳定的低酸性食物上。当该处理方法与一定高温（70～95℃）处理方法联用时，食物中的所有腐败菌和致病芽孢在短时间（1～2min）内即被杀灭，故对热敏感食物的破坏极小。此外，在这些条件下，所有病毒，甚至朊病毒可能被灭活。

虽然超高压处理技术正在逐渐得到推广应用，但是在食品行业的应用依然有限，因为处理成本与工作压、高压下停留时间、电能、劳动力及保养所需的费用等有关。超高压处理设备运行成本随着处理压力的增高而增加。

六、光脉冲杀菌技术

光脉冲杀菌技术为一种新的非热处理技术，应用 170～2600nm 或者 200～400nm 的宽光谱波长进行杀菌。其杀菌机制主要是利用微生物与周围环境或支持表明的不同的冷却率。微生物吸收能的激增使其产生过热反应，最后致细胞破裂。现在，该技术常被用来对包装材料进行消毒灭菌。

该包装材料消毒法的优点是：对 PVC 或其他塑料产生热应激效应，消毒时间不足 1s，不产生与 UVC 有关的危害，可减少或消除使用化学消毒剂和防腐剂带来的危害。

该消毒法也可用来对某些有选择的清澈液体食品进行消毒处理。但是其杀菌效果受到物体表面吸收脉冲能力的限制。

七、电阻加热杀菌技术

电阻加热杀菌技术利用电流通过食品时所产生的热量对食品进行杀菌，是一种新的热处理技术。其加热系统只需一个电源，重量轻，处理时将食物置于两根电极之间即可。其特点优点是：可使采用恰当配方，含有液体、固体或者固体一液体混合物的食品受热均匀。与常规热处理技术相比，它可确保食品保持高质量，因为常规热处理法的热传导需要一个过程，往往使食品的质量大打折扣。电阻加热也会破坏细菌芽孢。为了使电阻加热取得更好的效果，食品至少应具有一定的导电性。研究结果表明，该技术可均匀地加热颗粒状食物；杀菌后的食品在常温下可放置一年。但是，由于脂肪和油不导电，故电阻加热杀菌技术不能用于处理此类食品。

第二节　船舶食品的包装

随着经济的发展和人民生活水平的提高，食品的包装越显重要。食品包装不仅要求卫生、无毒、密封好，而且要求质轻、耐用、易开启、成本低。同时，还必须注意食品包装材料对环境及生态的影响。

一、食品的保护性包装和内包装

所有食品都应有某种程度的保护性包装和内包装，以最大限度防止在搬运、运输和储藏过程中发生食物变质和损坏。

食品的保护等级。Ⅰ类包装：Ⅰ类包装为运输箱或运输袋，可为搬运、仓库储藏和堆放提供一定程度的保护。但是，该类包装不能对恶劣气候提供有效的防护。新鲜果蔬多采用Ⅰ类包装。Ⅱ类包装：Ⅱ类包装也是运输箱和运输袋，可耐受恶劣气候、多次搬运、途中补给等多种不良运输条件的影响。Ⅱ类包装适用于装半易腐的面粉、砂糖和大米等。

为执行向海洋排放塑料废物的有关公共法案，制定了海洋环境去除塑料废物规划，以减少船舶上塑料包装的数量。因此，不仅应根据物品价格，而且应按照包装方式来采购最适宜的产品。采购船舶食品时，必须考虑包装材料废物的产生量。大约 75％的船舶废物来自厨房或餐室甲板。采购食品时，可使用如下标准。①采购大包装食品：与同类食品的其他包装方式相比，应选择大包装。②浓缩的产品：经浓缩的产品，储藏率更高，可以减少包装。③单一材料包装：采用单一材料进行包装，以便在处理船舶废物时，不必进行分类处理。④非塑料包装：不采用塑料包装，以免增加对塑料废物处理和垃圾分类处理的要求。⑤高密度包装：将食品装入硬质长方形包装容器或者软质容器内，以便在同样大小的容器中装入更多的食品。⑥可重复使用的容器：用于存放物品的容器，用毕后仍可用于装同样的物品，如食用油桶。⑦多用途容器：用于装一种用品的容器，使用后，还可用于其他目的。⑧经细加工的食品：已经进行某种程度的加工制作，从而不必对该食品的成分分别进行包装。⑨废物产出量低的食品。

二、食品包装现状

（一）包装方式

食品包装通常分为干散货普通包装、真空包装、无菌包装、新鲜果蔬被动气调包装 4 种。

1. 干散货普通包装

该技术亦指简单包装，特点是操作简便、适应性强、成本较低、适用范围广，可用于普通食品，如散装谷物或面粉，袋装新鲜果蔬，以及大多数市售糖果、糕点及其他副食品所采用的扎袋口、缝袋口、非真空热合封口等，皆属此类包装。用此法包装的食品，除了气调等特定条件外，一般只能存放几天至数月。

2. 真空包装

此法用途较为广泛，特点是操作要求较高，食品储藏期长，但适应性差，包装成本较高。像罐头食品、部分袋装粮食、糖果糕点及饮料等，均采用真空包装。其真空度要求视包装内容物和储藏期而定。真空包装食品的储藏期短则数月，长则几年。

3. 无菌包装

此法只适用于流质或半流质食品的包装，操作要求严格，包装成本较高。用此法包装食品，其储藏期视产品的包装材料、杀菌温度及时间而定。浓缩果汁、浓缩菜汁等即用此法包装。

4. 新鲜果蔬被动气调包装

被动气调包装技术用于延长蔬菜和水果的货架寿命，还可用于在太空保藏食品。该技术的应用原理是基于氧、二氧化碳和水蒸气在设定的储存温度下（0～4.4℃）对包装材料的穿透率。调节大气成分并尽量降低果蔬的呼吸率可提高果蔬的货架寿命。重要的是不要选择通透性差的薄膜，因为在包装箱内会产生厌氧条件或者产生浓度过高的二氧化碳，给果蔬带来损害。相比之下，气调包装不需要以冷藏温度保存蔬菜。

现在，该项技术已广泛应用于食品行业和零售市场。被动气调包装技术用机械方法去除食品中的过量气体。然后，用特定的包装，通过减缓蔬菜和水果的呼吸来延长果蔬的货架寿命。在4.4℃的储存温度下，被动气调包装技术可使蔬菜和水果的货架寿命达10～14d。在同样温度情况下，若不采用气调包装技术，其保存期会大大缩短。

除以上几种包装方式外，还有充气包装、纸筒或纸盒充填式包装等，如饮料的充碳酸气包装及冷饮包装即属此列。

（二）包装材料

据世界包装组织（WPO）提供的信息，现用于食品包装的材料主要有：纸和纸板、塑料、金属、玻璃、软包装材料、其他新颖食品包装材料。占前四位的四大包装材料为纸、塑料、金属和玻璃。

1. 纸质包装材料

纸是一种传统包装材料，在现代食品包装中，占有非常重要的地位。从当前发展趋势看，纸包装材料所占的比重仍将扩大。这是因为纸包装材料具有一系列的优点：取材广泛、加工性好、便于印刷、成型简易、成本低廉、安全性好。而且纸质废弃物易于回收利用，在自然条件下易被微生物分解，无白色污染。现在，大多数纸质包装材料采用涂膜或塑料、铝箔等制成复合包装材料，制成纸杯、纸罐等容器，多用于牛奶、饮料、果酱、冰激凌、肉制品、乳酪等的包装，迄今，纸质包装仍然是广大消费者最喜爱的食品包装形式。

2. 塑料包装材料

塑料是一种以树脂为基本成分，再加入一些用来改善其性能的多种添加剂所制成的高分子聚合物。具有化学惰性、柔韧性好、成本低廉、性能优良等特点，它是近40年来发展最快、用量巨大的包装材料。塑料应用于食品包装已在多方面取代了玻璃、金属、纸类传统包装材料，使食品包装面貌发生巨变，并已成为食品包装的主导材料。其主要缺点是其包装废弃物给自然环境带来严重的污染问题。

3. 金属包装材料

金属（主要是马口铁）用于食品包装已有近200年的历史。其特点是阻隔性能好、机械力学性能优良、成型加工性能佳、耐受高低温性能好、导热性能和表面装饰性能强。同时，金属包装材料废弃物较易回收处理，对环境污染少，节省资源，故在食品包装材料中长期占有重要的地位。但是，由于金属包装材料的成本相对较高，化学稳定性差，不耐酸碱，特别是用其包装高酸性食物时易被腐蚀，金属离子析出时影响食物风味，因此，在一定程度上限制了它的使用。

4. 玻璃包装材料

玻璃是一种古老包装材料。其主要用于包装肉类、鱼类、水果、酱菜等。其特点是：化学稳定性佳、阻隔性好、高度透明、制作简单、开启方便。其缺点是体积大、质量重、易破碎，故影响了它在食品包装中的使用和发展。

5. 软包装材料

软包装材料从本质上即是以塑料为基本原料，加入其他添加剂后制成质轻、韧性好的薄膜型包装材料。其柔性外包装材料为层压结构的防护膜，如涤纶和（或）尼龙材料，具有防水、汽、细菌和阻隔氧的铝箔，用作袋内密封层的聚丙烯材料。该包装材料可用于高温处理的食品。其特点是质量轻、耐腐蚀、外形美。

薄膜分单层薄膜和复合薄膜。单层薄膜分为耐高温型和不耐高温型两类。不耐高温型主要有聚乙烯（PE）、聚偏二氯乙烯（PVDC）等；耐高温型主要有聚丙烯（PP）、聚酯（PET）、铝箔（AL）、尼龙（PA）等。其主要用于包装水果、蔬菜及储藏期较短的市售食品。复合薄膜分为蒸煮型和非蒸煮型。蒸煮型（指可耐121℃以上的高温），主要用于肉类等食品的包装。非蒸煮型（指可耐100℃以下的温度），主要用于酸性食品和干食品的包装。

包装时，首先将制备好的含水食品装入柔性包装袋内，然后进行高温杀菌处理。若包装材料从食品中有选择性地吸收某些风味成分的话，食品的风味会随之丢失，短则在数个月内食品的可接受性会明显降低。同时，还可发生其他生化变化，如美拉德褐变和脂质过氧化。

此类包装材料的氧和水汽的通透率几乎为零，可使食品的货架寿命保持3～5年，已在军队的即食份餐、航天飞机和空间站的食品保障系统中应用。

6. 其他新颖食品包装材料

可食性薄膜是一种用于包装肉类食品的可食性生物聚合物薄膜。其性能为：质软、透明、无味、柔性好，入口即溶、口感好，可减少包装废弃物对环境的污染。同时，该包装材料可明显提高食品的保鲜、保质水平。

目前，国外开发的可食性薄膜主要有4类：①胶原薄膜，是采用动物蛋白胶原研制成的一种薄膜，用于包装肉类食品，薄膜具有强度高、耐水性好、隔水蒸气性能佳等优点，食品解冻溶化后可食用，对人体无危害，也不改变肉类的风味。现在，该项成果已在船舶食品推广应用。②牛奶蛋白薄膜，以牛奶为基质的牛奶蛋白薄膜具有较强的抗氧化能力，故可减少在食品中使用保存剂和抗氧化剂的量。③谷物基质薄膜，以玉米、大豆、小麦为原料的薄膜，使用后可作饲料或肥料用。将豆渣加脂酶及蛋白酶分解、水洗、干燥再添加黏结剂制成可食用纸，应用于调味品、微波炉食品包装用纸、烤肉和蛋糕等铺垫纸、药品胶囊纸。④纤维素薄膜，用甲基羟基丙酰纤维素制成的薄膜，用于成形、充填、密封和真空包装等。

除薄膜外，还有浸渍或喷涂用的可食性涂膜。涂膜材料主要以蛋白质、碳水化合物和脂类为基料，如在肉类压缩块等加工食品上涂一层改性纤维素糖衣起防菌防潮作用。也有采用与香肠肠衣相类似的半透明虫胶涂在肉块上的。成功开发了食用涂膜包装的冷冻肉，可在冷冻状态下直接烹调。

生物降解性材料　根据1987年公布的海洋塑料污染研究和控制法案的要求（MARPOL法案），自1994年1月1日起严禁向海洋投弃塑料废物，为此，积极研制生物降解多聚物包装材料。其性能要求：能耐受食品储藏和分发过程中所遇到的各种不良环境条件，包括长期储藏和加热处理；可生物降解成无毒物质；仍保留塑料的许多机械特性。探索应用树脂、纸和聚乙烯等物质合成一种生物降解包装材料。预计原来船舶上使用的塑料器皿、茶杯、泡沫塑料盘、牛奶袋、垃圾袋、肉类包装塑料膜等都将被生物降解性包装材料所代替，即使将它们弃入海中也可迅速分解，无毒无害，故可解决原有塑料垃圾对海洋造成的污染。

液晶聚合物材料（Liquid Crystal Polymers，LCP）　与常规包装聚合物材料相比，液晶聚合物具有独特的阻隔氧气与水汽的特性及良好的物理性能。鉴于LCP材料的成本高，在商业上常将其与其他材料（如低密度聚乙烯和聚乙烯对苯二酸盐）一起联合用，以提高包装材料的性能。液晶聚合物材料还可用于软包装罐头、微波处理和真空包装的食品。由于这种材料的超常性能，应将包装容器进行真空处理或者包装时吹注惰性气体，以去除顶部空间的氧气。

液晶聚合物材料还可用于薄膜和半硬式容器的设计，用作多结构或单层材料的阻隔层压材料。若考虑到材料的再生利用，可明显节省材料。

抗菌包装材料　研究发现，将抗菌性化合物加入包装材料中，可抑制细菌生长，又不会影响食品质量。目前，这类抗菌包装材料有 Frelek 包药干糊片、Zeomic 超洁净材料、几丁质/壳聚糖材料、WasaOuro 等。

吸氧包装材料 食品包装袋内的氧气可使食品发生腐败，导致食品失去鲜度、色泽、口味和营养，造成食品质量和可接受性下降。这种情形更易发生在军用口粮包装上，因为军用口粮往往需储存 3 年或更长的时间。

真空包装、真空处理后充注氮气或换气的气调包装方法等一直被用于易腐食品的保质或长期保藏。与之相比，吸氧剂有诸多优点：通过制造一个几乎无氧的环境保持食品质量和延长货架寿命；通过将包装袋内的氧浓度降至 0.01%（100×10^{-6}）以下，不仅可控制微生物的生长，而且可控制氧化反应。由此可见，吸氧剂能防止食品（营养素、脂类、色、香、味）发生化学降解、酶分解、腐败细菌和霉菌的生长和昆虫幼体的存活。

现在，在食品领域，主要使用吸氧剂袋、吸氧标签和吸氧包装材料等。

①吸氧剂袋：国外曾使用钯作为催化剂使氧与注入的氢发生反应，还使用过亚硫酸钠、硫、氧化铝、有机物作为氧化剂。但是，铁是目前最有效、最合适的吸氧剂。以铁粉为主的吸氧剂（亦称脱氧剂或去氧剂）于 1977 年开始使用。铁粉密封在一个透气和透水汽的小袋中，可吸收包装袋内的游离氧，产生稳定的氧化铁。1984 年，出现了铁粉吸氧剂袋技术，成为一种重要的食品包装和保藏技术。现在，该技术在焙炒和磨碎咖啡、新鲜面食制品、小包装培根肉碎片、散装或零售坚果、熟肉、肉类小吃（如牛肉干）、优质特色面包、干酪丝和快餐食品（如炒面和薯条）等食品的包装中得到广泛的使用。

20 世纪 80 年代后期，此技术被用于水活性控制（Water activity-controlled）、即食份餐（MRE）和袋装面包的包装，使面包在 27℃温度下储存和保质 3 年。如不用吸氧剂袋，在 14 天内即可发现面包上有曲霉和青霉的生长。目前，许多耐储存食品，如 MRE、磅蛋糕、小吃食品、浅盘口粮、牛肉卷等的包装，均使用吸氧剂袋。

②吸氧标签：吸氧标签是对吸氧剂袋的一个改进，现已在商业上使用。这是一种压（力）敏（感）、涂有黏胶的标签，在其基质内埋置金属粉，用高速贴标装置或镶嵌机自动贴在包装上。这种标签的使用可使包装袋内的氧浓度降到 0.01%以下，从而防止食品酸败和霉变。

③吸氧技术的新工艺——吸氧包装材料：当前，吸氧技术的发展趋势是将吸氧剂直接掺入包装材料内。例如，把吸氧剂掺入瓶、罐盖的垫圈内及饮料罐和软包装材料的内表涂层里；将维生素 C 掺入啤酒盖衬垫；将钴掺进包装材料和瓶盖内，催化不饱和碳氢化合物；把抗氧化剂掺进一种多孔的聚合物小

珠，将小珠散布在蜡中，然后涂于基质材料表面等。

④以去氧剂为基础的超高氧隔离膜技术：作为包装材料的一部分，超高氧隔离膜含有去氧剂。隔离膜作为一种替代品可代替现有的去氧产品，虽然超高氧隔离膜的氧吸附能力不如小香包那样有效，但是由于其吸氧成分不是设置在膜内，因此不需要在食用前先去除小香包，也不会改变包装的外表。

若将去氧剂与箔包装两者结合起来，可节省包装材料。此外，以箔为基质的软包装袋易弯曲和产生裂纹，从而使氧的通透率增加。但是，如果把箔层氧阻隔材料和氧去除包装材料结合在一起，可弥补包装袋弯曲时所带来的问题。在军事科研领域，人们已放弃了氧去除材料在软罐头加工上的应用。该技术主要用于那些易发生氧化的食品，如含脂量高的食品。

活性包装在军用、民用市场均有明显潜力。未来掺入可氧化化合物的聚合物包装材料可能优于当今最好的阻隔材料（如铝箔），并将证明是食品保质最有效的方法。其好处主要是延长食品的货架寿命，其中包括减少腐败损耗、调节生产和包装、扩大配给范围、减少储藏和运送。吸氧包装将给新的无防腐剂或高水分、耐储存食品的发展带来希望。

纳米复合材料随着科技的进步，有必要研发一种阻隔性能更好的非箔质材料。科技人员正在研究一种纳米合成膜，以改善材料的阻隔和机械性能。研制有利环境保护、非箔质的包装材料将明显减少固体废物的量，并从整体上减少负担。

现在，研究机构正在开展聚酯纳米合成材料研究，以改善食品包装膜的阻隔和机械性能。由于在热塑性树脂中加入了纳米可塑物质颗粒，其阻隔性能和生存力均大有改进。其以纳米级大小的颗粒整合于塑性树脂中，与常规添加剂或合成材料掺入物相比，它要小 1000 倍。聚合物纳米复合材料可使包装食品的货架寿命保持 3～5 年。

纳米复合材料为 100％的聚合物结构，它有一些独特的优点，如易于焚烧、与其他包装材料相比更易再生利用。只需做进一步的研究，纳米复合材料便可作为燃料重复利用，或者可以塑造成其他物品，如临时包装材料或装备的零备件。现在，已推出了 AECIS™纳米复合密封树脂和 Triton 纳米复合材料。试验表明，这些材料密封性好、材质轻、易焚烧处理，可用于食品的长期保存。

异味吸收包装技术是利用气味吸收物质来去除在长期储存过程中所产生的不良气味。采用主动包装技术，有选择性地去除带有异味的那些化合物，改善食品的风味，是食品包装领域一个全新的概念。现在，同类技术正被用于处理垃圾时的臭味吸收剂，在进行固体废物和脏衣服处理方面有其应用价值。

食品活性包装技术主要通过除去包装物中引起食品腐败的成分，或者添加必要的成分，达到提高食品质量的目的。

食品活性包装技术主要采用以下两种方法。一是释放活性物质，阻止食品腐败。在包装材料中，加入抗菌物质，通过材料中抗菌物质的释放，阻止害虫侵袭和大肠杆菌的污染；使用二氧化氯薄膜，保持食品长期无菌；在包装中放置二氧化碳释放物质，抑制食品腐败。二是通过吸收引起食品腐败的成分，阻止食品腐烂。在包装中放置吸氧剂，阻止氧化反应，以减缓食品的腐败速度；使用抗氧化薄膜，减少食品香味和口味的流失；在包装中放置乙烯基吸收物，减缓新鲜水果的成熟速度。

高阻隔包装材料高阻隔包装材料是一种非箔质包装材料，可与成型—灌注—密封包装系统（form－fill－seal）一起使用，主要用于热灌注和冷灌注的泵压食品，可承受－29～100℃的温度，可用微波炉加工。对氧和水汽的高阻隔性有助于保持食品的风味，而且强度高，具有极好的抗戳和抗磨性能。

该包装材料有氧阻隔系统，使包装食品在20℃、常压和75％相当湿度条件下有效保存12～15个月。鉴于货架寿命取决于食品储存温度和反应气体的分压，因此，低温（0℃）和较低的氧分压可使食品获得较长的货架寿命（3～5年）。流质食品在包装前需在85℃～91℃的高温条件下注入包装袋中，杀死食品中的致病细菌。包装材料也可用来延长酸度高、货架寿命长的半干和脱水食品的储存期。对于那些货架质量稳定和水活性较低的食品来说，也许需要用惰性气体（如氮）冲刷包装袋。此外，还可用氧清除系统来去除包装袋顶部空间的残留氧。

三、食品包装发展趋势

食品包装的发展速度与整个工业水平的提高成正比，从食品包装的装潢、设计，到包装材料的质量，无一不体现这一点。只有政府、研究部门与工业界协同合作，才能搞好食品的生产、包装及供应。

（一）包装形式的发展趋势

1. 满足市场需要

随着生活水平的提高，人们对食品质量及其包装装潢要求也相应提高。食品包装的规格大小和装潢设计，诸如包装体积、形状、造型、图案及其色彩等对刺激消费者的食欲、增加其购买力都起着至关重要的作用，食品包装形式的好坏直接影响食品工业的经济效益。

食品包装除沿用以往的普通包装、真空包装、无菌包装等外，现正扩展其包装领域。目前，国际上正在发展微波食品的包装方式，选择不同的包装材料及包装方法，以满足微波解冻及加热的需要。此外，国际上也在不断发展冷藏包装技术，并将其应用于食品包装。

2. 满足特殊需要

在海湾战争中，外军的主要野战食品是即食份餐（MRE），系软包装食品。其特点是体积小、重量轻、口味好，外用大包装，内有多包密封小包食品，可用多种方法加热，如使用无焰加热器、放于沙层表面让太阳辐射热加热、用汽车水箱加热、紧急情况下不加热亦可食用。由此可见，软包装在满足特殊需要方面，具有较强的适应性。

在包装面包时，采用充填脱氧和乙醇剂的新包装法，以除去食品袋内的氧气，抑制细菌增长，防止变质。用此法制作的面包在室温条件可存放 3 个月而不发生霉变。

从实际情况出发，发展软包装食品，缩小包装体积，减轻单兵负荷，保持食品原有风味，是其主要特点。

（二）包装材料与技术发展趋势

纵观食品包装技术与材料的研究和发展现状，未来食品包装材料与技术将呈现以下发展趋势：注重包装新技术、新材料的开发与应用；高阻隔包装材料成为开发热点；多功能包装材料的开发与应用将备受重视；信息技术将在军用包装中得到广泛应用；船舶食品包装更趋智能化；环保型包装材料备受重视；可食性包装材料将广泛用于船舶食品包装。

1. 注重包装新技术、新材料的开发与应用

为了提高现代战争条件下船舶食品的防护水平，加大新颖包装技术与材料的研究和开发力度，并及时将其应用于船舶食品包装中。业内专家认为，将有更多的新颖包装技术与材料用于船舶食品的包装。例如，研究与开发保鲜性能好的高阻隔包装材料；研究可延长货架寿命的新颖充气包装技术（充注二氧化碳、氮气等）；研发用于果蔬包装的微孔透气薄膜和硅薄膜；发展和应用新的可延长货架寿命的抗菌和防霉包装材料；开发用于电磁灶、微波炉的耐热包装材料；开发可防辐射污染的包装膜；研究和发展智能型包装技术与材料；开发和应用防爆、防静电包装技术与材料；在原有 PVC 材料的基础上，利用 PVDC 材料的高阻隔及 PVC 材料加工性好的优点进行复合，制成性能优良的多功能复合材料；应用纳米技术研制包装材料，使包装材料具备多种超高物理化学特性等。这些新技术与新材料的研究和开发将对提高船舶膳食保障水平具

有重要意义。

2. 高阻隔包装材料成为开发热点

高阻隔和抗渗透性包装材料具有高阻隔、多功能、易加工、耐热、除臭、密封和开启方便等多种特性。其关键技术是采用具有超薄、超韧性、易加工的新颖材料，如双峰高分子 HDPE、茂金属催化剂聚乙烯、聚丙烯和聚苯乙烯，进一步提高软包装材料的性能。聚乙烯食品包装膜的特点之一是可控制氧气、二氧化碳和水蒸气的渗透率，从而大大延长食品的货架寿命。

3. 多功能包装材料的开发与应用将备受重视

多功能包装材料系指具有特殊功能或特定用途、专用性强等特点，在船舶食品包装中具有广阔的应用前景。研制具有高阻隔、抗高温、抗浸泡、抗摔、防戳、防火，并可识别口粮有无受到化生制剂侵害等多种功能的船舶食品包装材料，将使船舶食品防护和保障水平得到进一步提高。

4. 船舶食品包装更趋智能化

所谓智能化包装，是指对环境因素具有识别和判断功能的包装，是一种很有发展前途的功能包装技术。目前研制的智能包装技术通常采用光敏、温敏、湿敏、气敏等功能包装材料整合而成。它可以识别和显示包装物的温度、湿度、压力以及密封程度、时间等，可及时感知库存食品是否发生质变，并提示仓库管理人员及早进行处理，减少不必要的浪费。这些技术对做好船舶食品的储存管理、确保食品安全、避免或减少浪费，提高船舶饮食保障水平具有特殊的意义。

5. 信息技术将在军用包装中得到广泛应用

随着信息技术的高速发展，二维和三维条形码、射频标签等将越来越多地应用于军用食品的包装和贮运。信息化包装技术不仅提高了包装物资的透明性，而且使给养管理变得更加简单易行。预计在不久的将来，激光记忆卡、灵巧卡、射频识别标签、条形码等技术会更多地应用于平战时的船舶食品保障。

6. 环保型包装材料备受重视

包装废弃物已严重污染人们的生活环境。在一些发达国家，包装废弃物已占生活垃圾量的60%左右。同时，鉴于塑料包装材料所致的“白色污染”日趋严重，人们已经意识到其对人类生存环境的危害。环保型包装或绿色包装提倡采用纸、可降解塑料、生物包装材料等，以减少包装废弃物对环境的污染并促进其回收利用，使废弃物的再生利用与国民经济的可持续发展战略同步。为此，生产厂商在满足包装功能的前提下，应尽量减少包装垃圾的产生量，使包装材料（包括容器和片材）进一步朝轻量化、薄壁化方向发展。

7. 可食性包装材料将广泛用于食品包装

近年来，食品包装材料专家热衷于研究和开发可食性包装材料，研究工作主要集中在选材、工艺及设备方面，并已取得了不少可供实用的成果，例如大豆蛋白可食性包装膜、壳聚糖可食性包装膜、耐水蛋白质薄膜、以豆渣为原料的可食性包装纸、蛋白质涂层包装纸、可食性包装薄膜式容器、可食性包装盒等。采用动物蛋白胶原制成的胶原薄膜具有强度高、耐水和阻隔水蒸气好、解冻烹调时可溶化等优点。其目标是尽量用此类可食用、易降解、易处理、无污染的包装材料取代原来可污染环境的包装材料。

8. 船舶食品的包装将更趋绿色化

在绿色环保革命中，包装废弃物通常采用回收、再利用方式进行处理。符合环保要求，无污染的绿色包装，将越来越受到社会重视。因此，应大力发展绿色包装，抓好包装废弃物处理和资源的回收再利用工作，实现可持续发展要求。如替代泡沫塑料做包装材料的环保纸卷。纸卷上面有很多小裂口，纸卷占据空间较小。当纸卷拉开后，它就成为立体蜂窝状，面积为原来的10倍。它能起到缓冲衬垫物的作用，适合填充和保护包装商品。该纸卷用再生纤维制成，可回收重复使用；废弃时，能生物降解。胡萝卜纸以胡萝卜为基料，添加适当的增稠剂、增塑剂、抗水剂，制成价廉物美的可食性彩色蔬菜纸。这种产品可用于盒装食品的个体（内）包装或直接当作方便食品食用，既能减少环境污染，又能增强食品美感，增加消费者的兴趣和食欲。胡萝卜纸是一种可食性的彩色纸，具有较强的柔韧性和一定的防水性，具有包装功能和食用功能。若能进一步提高强度和可塑性能，改善表面质感，制成各种形状（如盒、碗等）的产品，则可进一步扩大其用途，更好地保护环境，并为蔬菜深加工提供新途径。

四、创新性包装技术

创新性包装技术应用于船舶食品，将有助于改善材料的性能、提高食品的安全性，并可从整体上提高船舶食品的质量。可用于食品包装的有以下创新性包装技术。

一是用于食品包装的纳米技术。将纳米颗粒渗入包装膜中，提高材料的隔离和机械性能。

二是功能增强型包装材料。在包装薄膜中嵌入（渗入）抗氧化剂和除味剂/醛类的材料，可减少口粮异味或臭味的产生。

三是变色包装材料。为受热或感光后致色变的反应行聚合物，可随环境条件改变颜色。

四是口粮包装式样的改造。不同包装式样和材料（如凝胶体材料、气膜等）可明显提高口粮在恶劣投送情况下（如空投）的抗损能力。

五是包装遭受人为侵害的识别技术。融入机械和/或以射频识别为基础的传感器技术，有助于识别口粮是否遭受生物恐怖袭击或者是否遭受人为侵害。

所有这些技术将有益于提高船舶食品的包装水平。其优点主要有：体积小、重量轻，增强了包装的抗损性，提高了口粮的质量、接受性和货架寿命，便于根据任务的要求加以组合，提高了食品的安全性。

第三节　船舶食品保鲜储运技术

一、果蔬保鲜储藏

（一）果蔬采后新鲜品质下降或丧失的原因

果蔬采后新鲜品质下降或丧失的生物学原因包括：果蔬的衰老、生理病害、采后失水和病原菌感染。

果蔬采后仍然进行着新陈代谢活动，促使果蔬达到完熟阶段，进而进入品质劣败的衰老阶段。果蔬的采后衰老是其失去新鲜品质的重要原因，是自身新陈代谢活动的结果，因此，设法降低果蔬采后新陈代谢强度，就能延缓其后熟或衰老进程，从而延长果蔬保鲜期。

果蔬采后因储藏条件的不适，正常的新陈代谢被打破，就会发生生理病害，如温度过低引起的果蔬冻害或冷害（如青椒、茄子、黄瓜等储藏温度低于9℃时容易发生冷害），低氧或高二氧化碳导致的气体伤害。这些生理病害的发生，一方面直接导致果蔬品质的恶化，另一方面降低了果蔬抗病性，从而促进病原菌感染引发的腐烂，缩短果蔬保鲜期。

保持充足的水分是果蔬保持新鲜品质所必需的，果蔬采后失去了从土壤获取水分的能力，而通过蒸腾作用散失水分仍然进行，其结果是果蔬绝对失水，导致细胞膨压降低，感官萎缩，新鲜品质丧失。

从田间带来或储藏环境中存在的病原菌可感染果蔬，也是导致果蔬腐烂、丧失新鲜品质的重要原因，特别是当果蔬衰老、生理病害时，抗病性下降，更容易感染病原菌而腐烂。

（二）果蔬保鲜的贮运条件

1. 储运温度

与常温储藏相比，低温可明显减弱果蔬的新陈代谢活动，如呼吸作用和乙烯生理作用等，从而延缓果蔬的完熟或衰老进程，获得较长保鲜期。一般来说，温度越低，保鲜效果越好。随储藏温度降低，果蔬失水减弱，病原菌活动被有效抑制，从而降低果蔬腐烂。但是，因果蔬种类不同，低温控制是有限度的。对多数果蔬来说，低温不应使果蔬结冰，避免冻害，对于热带和亚热带的果蔬来说，储藏温度低于10℃左右就会发生冷害。

2. 储运湿度

影响果蔬采后失水快慢的不仅是温度，更重要的是相对湿度。果蔬环境的相对湿度越低，果蔬越易失水；反之，相对湿度越高，失水越弱。病原菌的活动在低湿度时受到明显抑制，高湿度易引发腐烂，但在低温冷藏下，病原菌的活动受到抑制。因此，为抑制果蔬失水，果蔬储藏库相对湿度要求在90%～98%。同时，为抑制病原菌活动，高湿度必须与低温相结合。

3. 气调条件

在冷藏前提下，降低储藏库里的氧浓度或提高二氧化碳的浓度，能进一步延缓果蔬的完熟和衰老，抑制病原菌的活动，从而延长果蔬保鲜期。此外，适宜的气调条件还能减轻果蔬在冷害温度下的冷害。但是，过低的氧浓度或过高的二氧化碳浓度会导致果蔬的代谢失调，从而发生气体伤害。所以，在不引起气体伤害前提下，采用低氧或高二氧化碳气调条件能有效延缓果蔬衰老、抑制病原菌引起的腐烂，有效延长果蔬保鲜期。

此外，果蔬采后易遭受多种机械伤，不仅直接损害果蔬新鲜品质，而且刺激代谢活动，加速衰老，并通过伤口促进病原菌的入侵。

二、果蔬预冷技术

（一）预冷的原理及必要性

一般来讲，果蔬采后降至冷藏温度的时间越短，保鲜效果越好。果蔬采后尽快冷却到规定的冷藏温度，这一快速的降温处理叫果蔬预冷。1904年，Powell和同事首次提出了预冷思想，以后研究者们对预冷给出了多种定义，但本质是采后迅速排除田间热，将果蔬温度降至冷藏温度。

预冷是指采收的蔬果在储藏或运输之前，迅速将其温度降低到规定温度的作业。据研究表明，蔬果等产品的温度升高10℃，呼吸量增大1倍。产品鲜度的劣化速度与呼吸量成正比例关系。根据1975年日本石井的报道，夏季采收时温度为27℃的豆角，未预冷经过20h运销到市场，其品温升高到41℃。如苹果在常温下（20℃）延迟1天，就相当于缩短冷藏条件下（0℃）7～10d的储藏寿命。可见，蔬果收获后及时而迅速地预冷，对保证良好的鲜度和贮运效果具有重要的意义。

未经预冷的蔬果，要在运输或储藏中降低它们的温度，需要很大的冷量，显著增加了制冷设备的负荷，这无论从设备上还是从经济上都很不利。产品经过彻底冷却以后，仅用较小的冷量，采用一定的保冷防热措施，就能使运输车船和冷库内的温度不显著上升。

蔬果经过专门设计的预冷设备的冷却处理，比在冷藏车、船和冷藏库中的冷却效率高得多，这从生物学观点和经济学观点来看都是有利的。此外，未经预冷的蔬果等产品装载在冷藏车内，较长时间内产品温度不能降低，货温与车厢温度相差甚大，产品易蒸腾失水，致使车厢内湿度大，易在车厢顶部凝结大量水滴，这些水滴常常滴落在色装箱或产品上，对运输很不利。如果是用塑料袋包装，袋子内表面凝结水滴浸润产品，易引起腐烂。

预冷温度与蔬果的种类、品种有关，一般要求达到或者接近该种蔬果储藏的适温又不发生冷害的水平。预冷与一般冷却的主要区别在于降温的速度，预冷要求在收获后24h之内达到降温要求，而且降温速度越快，效果越好。

（二）预冷方式

1. 室内预冷

室内预冷实际上就是在冷藏库内降温。虽然一般冷藏库的制冷能力和空气流动速度能够很好地维持果蔬的冷藏温度，但是用于对温度较高的果蔬迅速降温就很难胜任。一般冷藏库预冷时，仅仅除去田间热就占制冷能力的75%，降温速度往往低于0.5℃/h，难以满足24h降至储藏温度的要求。因此，室内预冷应注意以下方面：在果蔬入库量上不宜一次完成入库或一次入库太多，通常每天入储量占库容的10%；入库果蔬堆垛或货架间，及墙壁间要留足够的空间，排列方式有利用空气流动；开大风机，加快库内空气循环流动，以利散热，待温度降下后，再减小风速。例如，对于储有1.5t果蔬和充分制冷能力的冷库，设计空气流速为170～225m^3/min，就能在12h左右将水果温度冷却到5℃；草莓一类易腐、成分变化快的果蔬不能用室内预冷，只有那些采后衰老相对慢的果蔬才可适用，包括苹果、梨、黄瓜、青椒、土豆、番茄等。

2. 强制空气预冷

强制空气预冷包括天棚喷射式、鼓风式、隧道式和压差通风式等。下面对压差通风式进行简介。

压差通风式是指在果蔬箱两侧存在气压差，使冷空气穿过而不是绕过果蔬箱，从而快速带走果蔬的热量，导致温度快速下降。因此，首先要求果蔬箱上有对开的、面积适宜的通气孔。其次是果蔬箱的排列要满足每箱的通气孔相通，这样冷风才能顺利通过。最后还要有挡风板，使冷风从果蔬箱垛的高气压侧流入，低气压侧流出。

影响预冷效果的因素很多，包括产品尺寸、形状、热学性质、包装形式、容器的通风孔面积、产品厚度、产品初温和预冷终温，以及空气流动速率、空气温度和湿度。其中冷空气流速是重要的影响因素，也是唯一可控的因素，因此，主要通过控制冷空气流速来调控预冷的快慢。

强制空气预冷的优点是预冷速度比室内预冷快得多，通常是后者的 4～10 倍，当然，比水预冷和真空预冷要慢，但对那些不需要极度快速预冷的果蔬，该预冷方式是一种快速而廉价的方法。

适合强制空气预冷的果蔬种类有花椰菜、花菜、豆类、黄瓜、番茄和蘑菇等。

3. 冰预冷

在现代预冷技术产生之前，接触或包装冰预冷广泛应用于果蔬预冷和运输保温。冰预冷有多种形式：将放入容器内的片状冰或碎冰直接置于果蔬的上面。该方法虽预冷充足，但不均匀；液体冰预冷，即水和碎冰混合后泵入容器中降温预冷；将冰放在果蔬包装容器的上面来预冷，这种方法只能算是其他预冷方法的补充，现已很少应用。

冰预冷的一个优点是不会使预冷的产品失水萎缩，特别适合于生菜、菠菜、萝卜、胡萝卜等易失水的产品。另一优点是除了使果蔬降温外，还能使果蔬在运输中保持低温，短途运输可不用冷藏车。其缺点是装载大量的冰以及果蔬容器的防水性要求增加了成本。此外，冰预冷时融化水打湿了产品，一旦升温，产品容易腐烂。

4. 水预冷

水预冷开始于 1923 年，因为简便、预冷效果好等优点，已成为广泛应用的预冷方法。水预冷的本质就是用冷水降低散装或小包装果蔬产品的温度。一般用 0～3℃的水作冷媒，与果蔬表面充分接触，冷却效果极高。

目前应用较多的水预冷技术主要有以下 4 种。

①喷水式：是一种传统的水预冷方法。传送带上的包装产品经过冷却隧道过程中，隧道顶部的喷头向产品上喷淋冷水，使产品冷却。

②喷雾式：基本同喷水式，喷头孔径大幅度减小，喷淋时间较长。喷雾式适合于那些较柔软的果蔬，如果用喷水式易受机械伤。

③浸泡式：果蔬由传送带输送，与穿过冷却水槽的冷却水充分接触而交换热量降温。

④浸泡喷淋混合式：产品先浸泡在冷水中冷却一定时间，再被倾斜的传送带缓缓升高离开水面，移动到一排喷头下面，被喷淋降温。

影响水预冷速度的因素主要是冷水与果蔬间的对流放热系数、接触面积和温差。此外，还与果蔬的包装及其在包装中所处位置有关，散装果蔬比包装果蔬冷却快，上部的果蔬比中部的冷却快。

水预冷的最大好处是防止果蔬预冷过程中失水，预冷速度快，几乎和真空预冷相近。对于那些必须水洗的蔬菜，用温度较低的地下水洗后，再用水预冷还可减少耗水量。

水预冷适合水果、果菜类和根茎类，不能应用于叶菜的预冷。其最大问题是易引起果蔬的腐败。

5. 真空预冷

真空条件下果蔬水分快速蒸发（沸腾），蒸发热来自果蔬内部，从而导致果蔬温度快速下降，这种预冷方法就是真空预冷。真空预冷是实现果蔬的快速预冷的有效技术。

真空预冷的优点：

①冷却速度快：一般预冷时间为20～30min。

②冷却均匀：如果包装透气，冷却效果不受包装限制。

③真空预冷的果蔬储藏保鲜期长：当0℃储藏时，真空预冷的莴笋，保鲜期达40d；而其他方法预冷的莴笋，保鲜期仅20d。

④能效高：在各种预冷方法中，真空预冷的能效最高。

影响真空预冷速度的因素，主要是果蔬的表面积和重量（或体积）的比值、水分从果蔬组织中释放的难易程度、抽真空的速率以及预冷果蔬的初温。其中果蔬的表面积和重量的比值是主要因素，比值越大，蒸发越快，降温也越快。因此，适于真空预冷的果蔬种类是有限的。一般表面积大的叶菜类，如菠菜、莴苣、花椰菜、芹菜、卷心菜、芥菜、蘑菇等适合真空预冷；而表面积小的果菜、根茎菜和水果，不适宜这种方法预冷。

为降低水分损失，可在预冷前向果蔬喷水。不仅避免了果蔬失重，而且可将蔬菜预冷到0℃。

6. 低温预冷

低温预冷的机理是液氮（或干冰）易于汽化（或升华），并在相变时吸收大量潜热。在低温预冷中，果蔬被运载穿过一个有液氮蒸发或干冰升华的隧道，放热降温。低温预冷技术装置相当便宜，但运转费用高。该法主要适用于柔软、贵重而季节性强的果蔬。

7. 预冷站

预冷站一般分为移动式和固定式两种类型。

①移动式预冷站：实际是一种活动的制冷设备，通常是把具有一定制冷能力的装置安装在铁路车辆或改装的汽车上，通过通风软管与已装入货物的冷藏车对接，由制冷装置产生的冷空气对货物进行预冷，运行比较灵活。随着冷藏集装箱的应用，出现了对集装箱内水果快速预冷的小型移动式预冷装置，其制冷能力在 4 000kcal/h，经 6～9h 的预冷，可将集装箱内果品冷却到 2℃。

②固定式预冷站：固定式预冷站的制冷设备固定在地面专门建筑内，通过通风道和连接软管与停留在线路上的冷藏车联通，对已装入车内的货物进行预冷。目前，在多数固定式预冷站内都建有一定容积的冷藏间或冷却地道，其用途主要是装车前的预冷。

三、现代果蔬储藏保鲜技术

（一）果蔬机械冷藏技术

1. 机械冷藏库温湿度控制设备

①制冷机：又叫压缩式冷冻机，主要由 4 部分组成，即压缩机、冷凝器、调节阀和蒸发器。此外还有储存器、分离器和吸收阀等。蒸发器又叫排冷器，制冷剂在其中蒸发，吸收冷藏库内的热量作为汽化潜热，从而达到降低库内温度或保持冷藏低温的作用。

②制冷剂：在上述制冷循环中蒸发吸热，从而产生制冷效应的液体称为制冷剂。常用制冷剂包括液氨和氟利昂等。氟利昂为卤化甲烷族化合物，无臭无毒或毒性小，不燃烧、不爆炸，不腐蚀金属。其主要缺点是汽化潜热小。此外，能透过结合不严密的缝隙，破坏臭氧层。氟利昂主要用于冰箱、空调等的小型冷冻机。

③冷藏库房：冷藏库与其他库房相比，其最大特征是具有良好的隔热性能。隔热性能主要是通过冷藏库的墙壁、地面和天花板的隔热材料，形成连续的隔热层实现的。

④温度测量仪器：常用的有液体膨胀温度计、双金属温度计、电阻温度

计、半导体温度计和热电耦式温度计。

⑤湿度控制仪器、设备：为保持湿度，冷藏库一般安装有喷雾设备或自动湿度调节器，如离心式加湿机或超声波加湿机。无湿度调节设备的冷藏库，可在库四周挂草帘，定期向草帘喷水加湿。湿度测量仪器主要有毛发湿度计、干湿球湿度计和电湿度计等。

⑥空气环流设备：由冷却柜、鼓风机和通风道组成，作用是使库内空气循环流动，从而保持库内各处的空气温度均匀。

⑦机械冷藏的其他设备：空气洗涤器和通风换气门窗，功能是净化库内空气，因为储藏果蔬的新陈代谢，不断地消耗库内空气中的氧气、产生二氧化碳和放出乙烯等气体。

（二）冷藏库的管理

1. 果蔬入储前的库房准备

果蔬入储前需做如下库房准备。

①库房灭菌消毒及通风换气：冷藏库受有害菌污染常常是引起果蔬霉烂的原因，因此，库房使用前应全面消毒和灭菌。常用消毒剂有乳酸、过氧乙酸、漂白粉、福尔马林、臭氧和高锰陵钾等。常用消毒方法有熏蒸和喷雾。若采用乳酸消毒，可将浓度为80%～90%的乳酸和水等量混合，按每 1m^3库容 1mL 乳酸的比例，将混合液放入瓷盆内在电炉上加热，待溶液蒸发完后关闭电炉，闭门熏蒸 6～24h。杀菌完毕后，需通风换气。

②入库前库温应预先降至适宜的冷藏温度：首先是果蔬预冷。果蔬采后温度较高，需要迅速降至接近或达到适宜的冷藏温度。这一快速消除果蔬田间热的冷却降温过程，叫作果蔬预冷。预冷具有以下作用：可大大减轻冷藏库的制冷负荷，防止大量果蔬入库时库温出现反弹；降低果蔬的呼吸等代谢活动，从而延缓后熟或衰老；抑制果蔬大量失水。预冷方法主要有室内预冷、强制空气预冷、水预冷、冰预冷、真空预冷等。

2. 果蔬入储的注意事项

①储量适当：如果果蔬未经预冷，那么每天入储量不得超过库容量的10%，否则降温缓慢。经良好预冷的果蔬，可大量入库，但前提是不引起库温出现较大的波动。

②果蔬分类分级堆放：堆放时，注意不要太拥挤，货架或货堆间及其与库壁和天花板间要留有适当的空间，以利通风换气和人员操作。货垛排列方式、走向及间隙力求与库内空气环流方向一致。

3. 库房温度控制和空气环流

①最佳冷藏温度的控制：果蔬入储完毕后，要尽快将温度降至最佳冷藏温度，必要时可采用压力泵将数倍于蒸发器蒸发量的制冷剂进行强制循环。

②适宜冷藏温度的控制：将库温控制在果蔬的适宜冷藏温度下，防止温度升高。同时，也要避免温度过低引起冻害和冷害。在库内的多个部位可安装精确温度计，以便掌握各部位温度情况。通过手动或自动开关冷冻机及控制开动时间来调节库内的温度。

③保持库内空气环流畅通：降温时加大环流速度有利于快速排除热量。在储藏期间保持适度的环流速度，一方面可保持库内温度均匀，避免过热或过冷，另一方面有利于维持库温的稳定，避免大起大落。

④注意除霜：在运行期间，当湿空气与蒸发管接触时，水分会在蒸发管上凝结成霜，形成隔热层，阻碍热交换，影响冷却效应，故应注意除霜。

4. 湿度管理

①保持适宜湿度：为防止果蔬大量失水和品质下降，库房相对湿度应保持在 90%～95%。

②减少结霜：由于空气中水汽不断地在蒸发器结霜，并在除霜时水分被带走，致使库内湿度低于果蔬的要求。为此，在冷库设计上应加大蒸发器面积，缩小蒸发面温度与库温的温差，减少结霜；使用鼓风冷却系统时，要缩小鼓风机进出口的温差，当果蔬温度降至储藏温度时，出口风温应低于进气口温度 1～1.5℃，采用微风循环；对预冷后的果蔬采用打孔塑料薄膜或半封闭进行包装，能起到良好的保水作用。

③加湿处理：安装喷雾设备或自动湿度调节器来调节库内湿度。无湿度调节设备的冷藏库，可在库四周挂草帘，定期向草帘喷水加湿。

④改善管理：库房湿度相对偏高主要是因冷藏库管理不善或产品出入频繁，致库外含有较高绝对湿度的暖空气进入库房，从而在较低温度下形成较高的相对湿度，甚至达到露点而出汗。解决这一问题的方法在于改善管理。

5. 通风换气和空气洗涤

通风换气是排除果蔬新陈代谢中产生的二氧化碳和乙烯等气体，补充库内氧气消耗的必要手段。通风换气的时间宜选择天气晴朗、气温较低的早晨。雨天、雾天时暂缓，以避免引起库内温湿度发生急剧变化。通风换气时开动冷冻机以减缓温度的升高。

装有空气洗涤器的冷藏库，可将库内空气抽出，经碱液洗涤，除去二氧化碳后再进入冷藏库中。经过这样的往复循环，可不断减少库内的二氧化碳。

（三）果蔬的气调储藏技术

1. 气调储藏技术

气调库房的隔热、防潮等要求与机械冷藏库房相同，但是，作为气调储藏库房还有其特殊要求：

①库房气密性高。储藏库必须经过特殊的试验，确定漏气量符合标准规定。

②多个储藏间。与冷藏库相比，气调库不仅要满足果蔬的温湿度条件，还要满足其气调条件要求，而不同果蔬间气调条件差异很大，因此不适合混贮。每个气调库应有多个储藏间，一般在 10 个以下，至少 2～3 个，每个储藏间设定气调条件不受其他储藏间的影响。

③装备压力调节器。库房承受库内外气压差的能力有限，需要时应装备压力调节器。

2. 库房气密性

气密性材料必须满足如下要求：良好的气密性，足够的机械强度和韧性，耐腐蚀、抗老化，受温度影响伸缩系数小，易黏结、易修理，无异味，微生物不易侵入。目前使用的气密材料主要有：镀锌铁皮、镀锌钢板或铝合金板；铝箔沥青纤维板或铝箔沥青胶合板；玻璃钢；无毒塑料薄膜和塑料板；软质硅密封胶或橡皮泥；防水橡胶布、胶带纸；环氧树脂等喷涂剂，比如用聚氨酯作喷涂材料，同时形成隔热隔气层。在使用气密材料时，应根据材料的特性和使用部位合理选材。维护结构可选用金属或塑料板材，硅胶、橡皮泥等用于缝隙和搭接处，喷涂剂适用于喷射或涂刷。

3. 气调库储藏管理

①温度、湿度管理：基本同机械冷藏库管理，一般可采用冷藏的最佳温湿度参数，但就某种果蔬的最佳冷藏温度可比一般冷藏稍高。一是在气调条件下冷藏温度稍高，也能取得很好的储藏效果；二是在稍高的冷藏温度下，可避免果蔬对低氧或高二氧化碳伤害的敏感性。

②气体调节控制：果蔬入库后，要尽快将库内氧气降低至该果蔬的最佳氧气指标。

对有二氧化碳要求的气调储藏，也要尽快达到所需二氧化碳浓度指标。储藏中通过气体分析仪掌握库内气体浓度，并通过调整将气体指标稳定在要求的范围之内。通常的气调指标是氧浓度不低于 2%，二氧化碳维持在 3%～5%。对于快速气调，要求果蔬采后 3d 内入库完毕，经 2d 将温度降至储藏温度，再经 2d 将氧气降至 2%，完成气调指标调控。

③乙烯气体控制：乙烯在气调储藏中一般容易控制，但对乙烯高度敏感的果蔬对清除乙烯有更高的要求。相应的机械气调库称为低乙烯气调库，如储藏猕猴桃的低乙烯气调库，乙烯浓度控制在0.02μL/L以下。

4. 塑料薄膜封闭气调法

在机械冷藏库中用对气体有一定渗透能力的塑料薄膜袋或大帐封闭果蔬，果蔬的呼吸作用消耗了包装内的氧气，从而形成低氧和高二氧化碳的气调条件。薄膜对气体的渗透能力使得包装外的氧气进入包装内，而二氧化碳则从包装内出来，从而有利于保持适度的低氧和高二氧化碳条件，达到延长果蔬保鲜期的目的。

现在较常用的主要有以下降氧方式。

①自然降氧。完全靠果蔬的呼吸作用形成气调条件，需要时间较长。

②快速降氧。根据果蔬的最佳气体浓度指标，配制符合要求的气体，置换薄膜袋或大帐内的空气，使包装内迅速形成所需气体条件，然后封闭袋或大帐。另一种快速降氧的方法是用气调储藏的降氧机与塑料大帐用管路连接，闭路循环将氧降至所需气体的指标。

储藏期间由于氧气的不断消耗和二氧化碳的产生往往比包装内外气体的交换速度快，从而形成过低的氧浓度或过高的二氧化碳浓度，对果蔬产生毒害。为对储藏库内的气体进行有效的控制，主要方法有以下5种。

①提高薄膜透气性。对于薄膜袋小包装，膜透性较好，在储藏时间较短情况下，包装内的气体不会达到有害程度。

②开袋换气。根据包装内气体成分的变化，适时开袋换气。

③吸附二氧化碳。塑料大帐内放石灰吸收二氧化碳，防止其浓度过高。

④硅窗气调。在薄膜袋或大帐上镶嵌一定面积的硅橡胶薄膜，即硅窗，制成硅窗薄膜袋或大帐。硅窗能迅速有效地将包装内的气体自动调节至适宜的范围内，因为硅窗对氧和二氧化碳的渗透速率是普通薄膜的数百倍，而且二氧化碳和氧气的渗透速率比值比一般薄膜大得多。

⑤开孔薄膜包装。在薄膜上分布一定数目和大小的小孔，以提高薄膜透气性。

四、果蔬保鲜运输技术

（一）影响果蔬品质的运输条件

①温度条件：为保持新鲜果蔬的品质，果蔬运输前一般要求需要预冷到接近最佳冷藏的低温而且在最佳低温下运输。但是，在运输中保持最佳温度往往

比储藏时困难，因为不可避免会发生变温和低温中断的情况。如果运输时间比较短，比如仅几天的时间，运输温度稍高于最佳冷藏温度、比冷藏时变化范围较大，不会对果蔬保鲜产生明显的不利影响，而且也容易操作。实际上果蔬运输时间往往比较短。运输时间越长，运输温度就应越接近冷藏最佳温度。一般认为 6d 以上的运输，要求达到冷藏时的最佳温度要求。

②湿度条件：为抑制果蔬失水萎缩，冷藏库相对湿度一般在 95%左右，果蔬运输时也有同样的湿度要求。用纸箱包装果蔬，一天后箱内湿度可达 95%～100%。这样的高湿度对短途运输果蔬无不良影响。但是，在长途运输期间，果蔬因纸箱吸湿、强度下降而受到二次损伤。为防治这种情况，纸箱周围要设有透气孔，这也有利于保持低温。

③机械振动：此外与冷藏不同的是运输期间果蔬还要遭受不同程度的振动，甚至碰撞等机械作用，其中振动是不可避免的。加速度超过 1 级的振动将造成果蔬的物理损伤，从而促进果蔬呼吸作用，利于霉菌感染，使其品质迅速降低。在铁路运输中，火车货车的振动通常不超过 1 级。虽然有时火车货车与果蔬也会发生稍大的振动，出现共振现象，但是火车货车的振动比卡车小得多。在陆路运输中，路面状况和汽车速度是影响振动强度的重要因素。在好的路面或高速路上行驶，一般振动不超过 1 级，车速对振动影响不大；但在路面不好情况下，高速行驶时，常会发生 3 级以上的振动。一般轮船的振动比火车、汽车小得多。在海上运输中，万吨级轮船的振动一般为 0.1～0.5 级。虽然振动不大，但是由于海上运输时间较长，遇风浪时会产生大的摆动，使果蔬受压，也会对果蔬产生影响。

由此可见，果蔬运输时保持适宜的温湿度，最大限度降低振动是保持果蔬品质的必要条件。相对来说，一般情况下的振动强度对果蔬影响很小，湿度也较好控制，但温度控制相对较难，特别是超过 6 天的运输，因此控制好适宜低温是搞好果蔬运输的关键。

（二）低温冷链运输系统

为保持果品蔬菜的优良品质，从商品生产到消费之间需维持一定的低温，即新鲜水果蔬菜采收后在流通、储藏、运输、销售一系列环节中实行低温保藏，以防止新鲜度和品质下降，如图 3－1 所示。这种使低温冷藏技术连贯的体系称为冷链保藏运输系统。如果冷链系统中任何环节欠缺，将破坏整个冷链保藏运输系统的完整性。

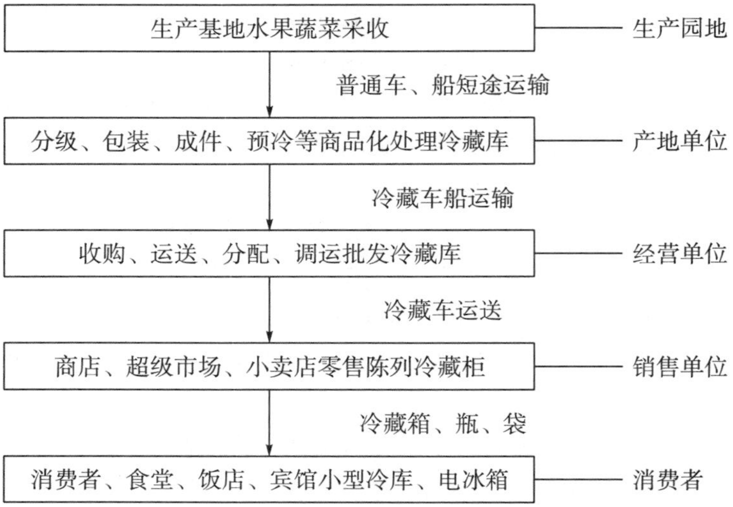

图 3－1　低温冷链运输环节

整个冷链系统包含了一系列低温处理冷藏工艺和工程技术，低温运输在其中担负着联系、串联的中心作用。

五、生长调节剂在蔬菜储藏中的应用

在蔬菜储藏前或储藏期间，使用一定浓度的植物生长调节剂可以抑制萌芽，延缓后熟和休眠，保持蔬菜新鲜并延长储藏期。

一是抑制萌芽。使用青鲜素、萘乙酸甲酯等植物生长剂，可抑制马铃薯、洋葱、大蒜、萝卜、胡萝卜等萌芽与抽薹。马铃薯收获时，用 0.25%～0.3% 清鲜剂溶液喷洒叶片，储藏时，薯块用萘乙酸 40～50g/t，先与 2～3kg 细土混匀，在均匀拌于薯块中；洋葱、大蒜收获前 10～15d 用 25%的青鲜素溶液喷洒叶片，均能防止储藏期发芽并延长保鲜期。

二是防止脱落。施用 2，4－D 防落素和萘乙酸，可防止大白菜、结球甘蓝、花椰菜等蔬菜茎叶组织产生离层、脱落和脱帮，延缓叶片黄化。大白菜在采收前 1～7d，用 200mg/kg 的萘乙酸溶液或 40～50mg/kg 的 2，4－D 溶液或 50mg/kg 的防落素溶液喷叶，或用 25～50mg/kg 2，4－D 药液沾根，均能有效防止储藏期脱帮，减少损耗；结球甘蓝、花椰菜在收前 1～7d 喷洒 50～100mg/kg 的 2，4－D 溶液，也可起到同样的作用。

第四章　船舶食品保障管理与组织

第一节　船舶食品供应管理现状

自食品供应链概念产生以来，无论从理论研究还是从实际应用，都推动了船舶食品供应管理体系的形成与发展。

一、国外食品供应管理现状

发达国家对食品服务业如何才能满足消费者的需求、物流及物流服务公司的性能评价和低温条件下食品物流设备与要求等进行研究，并十分重视食品冷藏业与环境的关系、食品冷藏业制冷剂的替代和食品冷藏业的立法研究。

随着经济全球化，国际上对食品质量与安全提出了越来越高的要求。发达国家采取积极措施，在生产设备、生产工艺与外部环境的最佳协调、易腐食品原料的可追溯性、更好的接口管理等方面取得了较大进展。美国、欧洲等发达国家和地区易腐食品物流过程的冷藏率已达100％，日本对食品产业技术与易腐食品的保鲜流通也非常重视。零售和餐饮业处于食品供应链的末端，是食品安全管理的重要环节，引起美国、欧洲等国家和地区的高度重视。

二、国内食品供应链管理现状

与发达国家相比，我国食品供应在逐步完善之中。我国食品供应链的问题不仅仅存在于最终销售环节，更多的是在食品的生产源头和供应链上游的前端过程中出现的。通过国内外比较分析，我国食品供应存在以下问题。

（一）食品原材料生产环节

从食品原材料生产来看，食品供应的问题表现在以下 4 个方面：

①食品供应链开始于农业，农户是食品供应链的源头，农户作为供应商数量巨大，并且分布广泛，增加了管理的难度。

②农业生产过程中存在着影响食品安全的问题。农业生产是整个食品流通环节的源头，是食品原材料的生产，一旦农业生产过程中产生了食品原材料的质量问题，会影响到最终的消费者。目前，我国农业生产中影响食品安全的问题主要集中在以下 3 个方面：土地质量、农药和激素的使用、养殖业过量使用各种增产化学药剂。农产品在种植、养殖过程中，不同程度地受到农药、化肥和工业“三废”的污染，滥用添加剂也给人体健康带来严重隐患。

③农业企业的产供销没有形成链，农业企业传统的采购没有对众多供应商进行分析、比较和考察，只是凭借采购人员的经验进行采购，因而往往从短期利益出发，失去了供应商的信任与合作。对供应商也没有认真选择，没有与其建立良好的合作关系，市场形势好时对供应离态度傲慢，市场形势不好时又将损失转嫁给供应商。总之，多数食品企业对食品供应链缺乏重视，产品“卖难”“买难”问题不时显现，有限的资源浪费严重；现代供应链管理思想更是淡薄，不少产品的“产、销、贮、加、运”等环节不同程度地脱节，不能实现无缝连接。

④农业企业的库存成本较高，农业企业的库存管理是静态的、单级的，库存控制决策没有与供应商和销售商联系起来，无法共享供应链上的资源。

（二）食品生产加工环节

加工食品日益增多，包括一些本来不需加工的食品，现在也开始进行一些简单加工，如进行清洗和包装后出售，这就使加工过程中的食品安全控制更为重要。我国目前在食品生产过程中存在的问题，主要表现在以下 4 个方面：

①生产环境不符合卫生标准。

②生产过程中对食品质量与食品卫生进行严格控制的意识比较薄弱。

③一些食品加工企业的生产原料有毒有害、过期变质。

④传统生产工艺在加工场所、加工方式和加工器具等方面都存在着严重的卫生问题。

（三）食品物流环节

从食品流通过程来看，问题主要表现在以下 3 个方面。

①食品物流系统整体成本高、效率低。农业物流系统从理论上讲，覆盖了

农村与城市、落后地区与发达地区，加上农村物流基础设施落后等因素，使得物流系统优化工作的难度增加。食品物流成本高、效率低，服务水平低主要表现在订单的处理时间和货款的确认时间长，订单满足率低，交货不及时，货损率高等方面。在运送损耗与冷链物流方面，设施建设相当落后。

②运输和仓储环节存在隐患。食品流通过程中对仓储与运输要求相当高，稍有不慎，就会对食品造成污染。食品运输需要大量针对食品特性的专业运输工具，而我国食品专用运输工具极为缺乏。许多食品在储运过程中由于温度、环境和储运时间等原因导致变质或存在食品安全隐患。有些食品从采购到终端消费者需要多次储藏，以调节产需和供求平衡。然而，目前我国食品仓储容量不足，库点分布不科学、不合理，规模小，且仓型与机械装备水平低，储藏方式与运输方式不适应，统一调度管理难度大。

③物流系统规划不当，物流渠道不畅。一些食品供应链不是按照经济区规划设计的，而是按行政区规划设计，甚至在地方保护主义的驱使下，人为割裂物流，使得流通和供应链渠道不畅。

第二节　船舶食品库存管理

库存是指处于储存状态的物品。广义的库存还包括处于生产加工状态和运输状态的物品。通俗地说，库存是指在生产经营过程中为现在和将来的生产或销售而储备的资源。库存的最基本作用是解决生产与消费时间上的不一致，并创造“时间效用”。例如，粮食生产有严格的季节性和周期性，即使人类已有了改造自然的能力，创造人工条件使粮食种植不受季节影响，但周期性仍是改变不了的。这就决定了粮食的集中产出，但是人们每天对粮食都有所需求，因而供给和需求之间就会出现时间差。凌晨磨制的鲜豆浆在上午出售，前日采摘的蔬菜、水果在次日出售等，都说明供给与需求之间存在时间差。

但是商品本身是不会自动弥补这个时间差的，如果没有有效的方法，集中生产出的粮食除了当时的少量消耗外，就会损坏、腐烂，而在非产出时间，人们就会没有粮食吃。因此，利用各种存货储备可以把生产与消费联系在一起，使商品的大批消费或大批生产忽略季节性因素，充分实现时间上的优化配置。

一、库存的分类

按照库存的目的，库存可以分为周转库存、安全库存和季节性储备。

①周转库存又称经常性库存，是指在正常的经营环境下，企业为满足日常需要而建立的库存。

②安全库存又称安全储备，是指用于防止和减少因订货期间需求率增长或到货期延误所引起的缺货而设置的储备。

③季节性储备是指企业为减少因季节性生产和季节性销售的影响而储存的原材料或成品。

二、库存管理的目标

库存管理包括实时库存查询与分析和库存预警，对商品的采购做出决策，并在某些情况下对库存进行调配。无论库存过高或过低，都会给生产或经营带来麻烦。因此，库存管理的目的在于用最低的费用，在适宜的时间和适宜的地点获得适当数量的原材料、消耗品、半成品和最终产品，即保持库存量与订货次数的均衡，通过维持适当的库存量，减少不良库存，使资金得到合理地利用。

许多船舶都存在库存过剩等不良库存问题。这是因为人们只重视库存保障供应的任务，忽视库存过高所产生的不良影响。库存过高给出船舶带来的不良影响主要反映在以下 3 个方面：

一是库存过高将使大量的资金被冻结在库存上，当库存停滞时，周转的资金越来越短缺，使利息支出相对增加。二是库存过高的必然结果是使库存的储存期增长，库存发生损失和损耗的可能性增加。三是在维持高库存、防止库存损耗、处理不良库存方面的费用将大幅度增加。

船舶产生不良库存主要有以下两方面的原因：一是计划不周或制订计划的方法不当，就会出现计划与实际的偏差，使计划大于实际，从而导致剩余库存。二是船舶航行计划的变更会带来一定数量的原材料或半成品的过剩，如果不及时进行调整，就会转变为不良库存。

三、食品库存的管理流程

一个完整的食品库存作业管理包括入库管理、在库管理和出库管理三个环节。

（一）食品入库管理

食品库存作业过程的第一个步骤就是验货、收货、食品入库，它是食品在整个食品供应链上的短暂停留。准确的验货和及时的收货能够加强此环节的效率。一般来说，在食品仓库的具体作业过程中，入库主要包括以下两个具体步骤。

1. 食品的接受

食品接受工作的主要任务是根据到货通知，及时、准确地为食品入库保管做好一切准备。首先，物流部门要与发货单位或部门及承运单位建立联系，以掌握接货的有关信息。其次，在充分掌握到货的时间、数量、重量、体积等基本情况后，就需要安排接货计划。接货计划有两个方面的主要内容：一方面是根据内部情况，与发货单位或部门商定到货接取计划；另一方面安排自己的接货时间、接货人员、接货地点及接货设备。最后，按接货计划在确定的时间办理各种接货手续，如提货或接货手续、财务手续等。在各种手续完成或手续办理过程中，对接受的食品进行卸货、搬运、查看、清点及到货签收工作，并在适当地点暂存。

2. 食品验收入库

食品验收是在食品入库之前，根据订货单检查所购食品交货是否按时，数量、质量、价格和包装是否正确，以最后确认是否接货的工作。

核证重点是核查食品品类、等级、数量、产地、价格、认证材料、装箱单据和发接货手续等。如果交货通知单或订货单与到货货物不一致，则有必要及时通知采购部门或发货部门查明产生出入的原因。

对交货时间进行检验的目的是核查交货期是否和订货单上的日期一致。如果供应商提早供货，可能会导致食品库存上升、占用货位、增加食品储存费用，这时相关部门有权拒收；如果供应商逾期供货，那么要进行必要的索赔。

对食品数量的验收主要是对散装食品进行称量，对整件食品进行数目清点，对贵重食品进行仔细查收等，确认与订货单或交货通知单所列数量是否一致。

质量验收是食品验收入库的核心内容，是整个验收工作中最不能忽略的部分。对食品质量的验收主要有食品是否符合检验检疫标准的要求，食品是否符合仓库质量管理的要求，食品的质量是否达到规定的标准等。

对食品包装方面的验收主要有核对食品的包装是否完好无损，包装标志是否达到规定的要求等。

对食品进行检验以后，应当记录验收结果，并以书面的形式阐述验收情况，包括签填验收单据、形成验收报告及进货日报表。

（二）食品在库管理

仓库作业过程的第二个步骤是库存食品保管。食品进入仓库需要安全、经济地保持食品原有的质量水平，防止由于不合理的保管措施所引起的食品变质或者流失等现象，具体步骤如下。

1. 堆码

由于仓库一般实行按区分类的库位管理制度，因而仓库管理员应当按照食品的存储特性进行综合考虑和堆码，做到既能够充分利用仓库的库位空间，又能够满足食品保管的要求。食品堆码的原则主要是：①由于船舶空间限制，尽量利用库位空间，较多采取立体储存的方式；②根据食品的不同收发批量、包装外形、性质和盘点方法的要求，利用不同的堆码工具，采取不同的堆码形式。其中，性质相互抵触如相互串味的食品应该区分开来，不得混淆。③不要轻易改变食品存储的位置，大多应按照先进先出的原则。④在库位不紧张的情况下，尽量避免食品堆码的覆盖和拥挤。

2. 保管

管理员应当经常或定期对库存食品进行检查和养护，对于易变质或存储环境比较特殊的食品，应当经常进行检查和养护，尽可能使食品保持得长久一些。检查工作的主要目的是尽早发现潜在的问题，保管工作应以预防为主。在仓库管理过程中，应采取适当的温度、湿度和防护措施。

3. 盘点

在库存过程中，有些食品因存放时间太长或保管不当使其质量受到影响。为了对库存食品的数量进行有效控制，并查清食品在库存中的质量状况，必须定期或不定期地对食品储存场所进行清点、查核。一是通过点数、计数查明在库食品的实际数量，核对库存账面资料与实际库存数量是否一致。二是检查在库食品质量有无变化，有无超过有效期和保质期，有无长期积压等现象，必要时对食品进行质量检验。三是检查保管条件是否与各种食品的保管要求相符。如堆码是否合理稳固，库内温度、湿度是否符合要求等。四是检查各种安全措施和消防设备、器材是否符合安全要求，建筑物和设备是否处于安全状态。

对仓库中贵重的和易变质的食品，盘点的次数越多越好；其余的食品应当定期进行盘点。盘点时应当做好记录，如果出现问题，应当尽快查出原因。

查清原因后，为了通过盘点使账面数与实物数保持一致，需要对盘点盈亏和报废品一并进行调整。除了数量上的盈亏，有些食品还将通过盘点进行价格调整，这些差异的处理，可以经主管审核后，用更正表进行调整。

（三）食品出库管理

食品仓库作业管理的最后一个步骤是把食品及时、准确地发放到客户手中。仓库管理员应根据提货清单，在保证食品原有质量和价值的情况下，进行食品搬运和简易包装，然后发货。仓库管理员的具体操作步骤如下。

1. 出库准备

为了使食品出库迅速，加快物流速度，出库前应安排好出库的时间和批次。同时，做好出库场地、机械设备、装卸工具及人员的安排。

2. 核对出库凭证

仓库管理员根据提货单，核对无误后才能发货，除了保证出库食品的品名和编号与提货单一致之外，还必须在提货单上注明食品所处的货区和库存编号，以便能够比较轻松地找出所需的食品。

3. 配货出库

在提货单上，凡涉及较多的食品，仓库管理员应该认真复核，交与提货人；凡需要运发的食品，仓库管理员应当在食品的包装上做好标记，而且可以对出库食品进行简易的包装，在填写有关的出库单据、办理好出库手续，可以放行。

4. 记账清点

每次发货完毕，仓库管理员应该做好仓库发货的详细记录，并与仓库的盘点工作结合在一起，以便以后的仓库管理工作。

第三节 船舶食品采购管理

一、传统食品采购管理的特点

在传统的食品采购管理中，采购方首要考虑的问题是采购的价格和以何种方式与供应商进行交易。一般而言，是通过多个食品供应商进行报价，充分利用多头竞争，从中选择价格最低的供应商作为合作者。虽然采购食品的质量、数量和交货期限也是采购方关心的重要问题，但是与价格比起来却处于次要地位，而且这些问题都是通过一些事后检测和控制的方法来实现的，及时性很差，往往会影响到后续食用，甚至会带来一些食品质量安全方面的问题。传统的食品采购管理主要存在以下 4 个方面问题。

（一）传统食品采购过程是典型的非信息对称博弈过程

选择供应商在传统的食品采购活动中是首要任务。在采购过程中，采购一方为了能够从多个竞争性的供应商中选择一个最佳的供应商，往往会保留私有信息，因为给供应商提供的信息越多，供应商的竞争筹码越大，这样对采购一方越不利。因此，采购一方尽量保留私有信息，而供应商也在和其他供应商的竞争中隐瞒自己的信息。

（二）验收检查是采购部门重要的事后把关工作，质量控制的难度大

质量与交货期是食品采购一方要考虑的另外两个重要因素，但是在传统的采购模式下，要有效控制质量和交货期只能通过事后把关的方法。因为采购一方很难参与供应商的生产组织过程和有关的质量控制活动，相互的工作是不透明的。因此需要通过各种有关标准如国际标准、国家标准等，进行检查验收。缺乏合作的质量控制会导致采购部门对采购物品质量控制的难度增加。

（三）供需关系是临时的或短期的合作关系，且竞争多于合作

在传统的食品采购模式中，供应与需求之间的关系是临时的、短期的合作，而且竞争多于合作。由于缺乏合作与协调，采购过程中很多时间消耗在解决日常问题上，没有更多的时间去做长期性预测与计划工作，供应与需求之间因缺乏合作而增加了运作中的不确定性。

（四）响应用户需求能力迟钝

由于供应与采购双方在沟通方面缺乏及时的信息反馈，在需求发生变化的情况下，食品采购一方也不能改变已有的订货合同，导致需求减少时库存增加，需求增加时供不应求。重新订货需要增加谈判过程，用户需求的响应没有同步进行，缺乏应对需求变化的能力。

二、供应链环境下食品采购管理的特点

在食品供应链管理的环境下，船舶的采购方式在传统采购方式的基础上有了一些改进，主要表现在以下几个方面。

（一）从内部的采购管理向外部资源管理的转变

传统的采购管理仅仅对内部的资源进行统计和归类，在资源缺乏时并不一定能得到及时的响应。而供应链管理则强调对供应源进行外部资源管理，比如和供应商建立一种长期的互惠互利的合作伙伴关系，通过提供信息反馈和教育培训支持，在供应商之间促进质量改善和质量保证，参与供应商的产品设计和产品质量控制过程以增加供应链的敏捷性，保证供应链的正常供应关系，根据自身情况选择适当数量的供应商，建立有不同层次的供应商网络，与少数供应商建立合作伙伴关系。

（二）从为库存采购到为订单采购的转变

传统的食品采购部门并不关心食品的生产过程，不了解生产进度和食品需

求的变化，采购工作是根据库存的多少来进行。在食品供应链管理模式下，采购是以订单的方式驱动的，要求采购部门提高对生产订单的响应程度，同时降低库存成本，提高物流速度和库存周转率。

（三）从一般买卖关系向战略协作伙伴关系的转变

传统的食品供应链上下游之间是一种简单的买卖关系，对于全局性的供应问题不能很好地解决。而基于战略伙伴关系的采购通过供需双方的库存数据共享，有效地减少了需求信息的失真现象，通过双方的协作降低了需求变化带来的风险，减少了反复询价和谈判所带来的成本。通过合作伙伴关系，避免了许多不必要的手续和谈判过程，供需双方都从降低交易成本中获得好处。战略性的伙伴关系为实现准时化采购创造了条件，也为降低采购成本提供了基础。

（四）产生了信息化的采购

供应链管理条件下食品采购的一个重要特征就是信息化的管理模式。采购信息化主要有两部分：采购内部业务信息化和外部运作信息化。采购内部业务信息化减少了信息传递的中间环节，加快了信息流动的速度，极大地提高了企业对市场的反应速度。采购外部运作信息化包括网络采购和供应商信息系统两部分。网络采购是近年来出现的一种新的采购方式，它的特点是资源丰富、交易费用低、采购效率高。供应商管理信息化是指通过网络将供应商信息系统与采购信息系统联结起来，使主要供应商成为整个船舶食品供应体系的一部分，建立战略伙伴关系。

三、船舶食品采购的特点

食品采购，是指在食品交易活动中，从买方角度出发的交易行为中所发生的食品采购活动。与一般商品相比，食品具有以下特点。

食品保质期短，易变质，易腐败，损耗大。食品价格相对变化很大，批零差价大，全年价格变动幅度大。许多食品的品种季节性很强，在采购价格上表现出明显的季节性变动趋势。食品原料大多为初级农副产品，其质量目前仍主要沿用感官鉴定，造成食品质量分级十分困难。

正是由于食品与一般商品相比存在以上特点，因此船舶食品及食品原材料的采购也具有自己的一些特点。

由于食品价格变动较大，造成了采购人员市场采购的困难，同时也增加了对采购人员控制的难度。由于船期固定，为延长航行期间生鲜食品的食用期，生鲜食品交货期一般为船舶起航前几天，交货期限的地位与食品质量、价格同等重要。由于食品质量难以标准化，给采购人员降低质量标准以谋取个人私利留下了空间。由于季度性很强，再加上农产品因气候突变影响所造成的产量不确定性，造成了对采购食品的价格预测困难。正是由于以上问题，造成食品采购的不确定性、复杂性加大。

第四节　船舶食品溯源管理

食品安全问题的形成机制，一方面取决于食品的生产、流通、环境及消费等诸多方面；另一方面取决于食品体系的复杂化、国际化和多元化等特性。食品供应链的链条越长、环节越多、范围越广，食品风险发生的概率就会越大。随着食品工业的发展和市场范围的扩大，越来越多的食品是通过漫长而复杂的食品供应链到船舶供船员食用的。由于加工过程经常会使食品原料改变性状，大批量的商品生产也难免会发生瑕疵，而多层次的加工和流通往往涉及位于不同地点和不同食品供应链成员，消费者通常很难了解食品生产加工经营的全过程。因此，如何满足消费者对食品安全卫生和营养健康的需求，如何实现食品溯源，已经成为食品安全管理体系中亟待解决的一项重要问题。

一、食品溯源的定义

对于“溯源”有多种定义。虽然食品溯源还没有形成一个统一的、权威的定义，但是食品溯源已经成为食品安全管理的一个术语，正在得到广泛的关注和运用。溯源信息包括从农产品初级加工到最终消费者整个过程的信息追踪，逆向来讲，即从最终消费者一直可追溯到初级农产品加工过程所用饲料、兽药等信息。简而言之，食品溯源是指在食品供应链的各个环节（包括生产、加工、配送以及销售等）中，食品及其相关信息能够被追踪和溯源，使食品的整个生产经营活动处于有效的监控之中。根据食品溯源概念构建的食品可追溯体系是食品安全管理的一项重要措施，也是食品供应链全程监管和控制的有效技术手段。在食品供应链中实施可追溯体系，可以有效地减少或防范食品风险的发生。

由食品溯源的定义可知，要提高整个食品供应链的溯源能力，需要建立食品供应链成员之间的紧密联合，在食品供应链流程设计时应用标准化的信息标识技术，使每一个食品供应链成员的每一个环节都能知道食品的来源和去向，一旦出现食品质量安全问题，能及时了解问题的来源和缺陷食品的分布情况，快速有效地控制污染源和掌握缺陷食品情况。食品溯源不仅提供了食品在种植

(养殖)、加工、分销、零售等环节中产品的性质、原产地和质量等信息，而且提供了快速、有效的产品反馈能力。

二、食品溯源的基本原理

实施溯源管理的一个重要方法就是在产品上粘贴可追溯性标签。可追溯性标签记载了食品的可读性标识，通过标签中的编码可方便地到食品数据库中查找有关食品的详细信息，通过可追溯性标签也可帮助企业确定产品的流向，便于对产品进行追踪和管理。

对供应链的描述主要是以产品的形成过程为主线，从食品供应链的可追溯性出发来描述食品供应链网。一个供应商会提供多种食品，一些食品直接进入流通渠道，一些食品被送到工厂进行加工后再销售。一种原料可以用来生产多种产品，因此，当一个供应商提供的一种食品出现质量问题时，有理由怀疑其提供的其他食品的质量，因而可追溯其他食品的安全问题。同样，一个配送中心不会只配送一种食品原材料或食品，也不会只配送一个企业的原材料或食品。如果配送中心的食品管理出现问题，从而导致某种食品出现安全问题，那么可对其他食品的安全问题进行追溯。

此时，虽然可以寻找食品物流每一阶段的供应商和配送中心，并对它们的食品管理过程进行调查，但是效率很低。此时，可追溯系统中完备的食品数据库便可发挥重要作用。食品数据库存储了食品生产和管理的完备信息，当食品出现管理问题时，通过查询食品数据库还原其整个管理过程和保存环境，可清楚地发现问题所在，从而找到食品安全问题的根源。由此可见，建立完备的食品数据库是高效的可追溯系统成功实施的重要条件。一个良好的食品数据库的建立，要求尽可能让整个食品物流过程规范化、标准化，且该数据库必须能够包括整个食品供应链上的所有数据。

三、食品溯源管理的主要内容

食品溯源管理主要包含产品溯源、过程溯源、基因溯源、投入溯源、疾病和害虫溯源 5 个基本内容，这 5 个内容也是食品供应链可追溯体系的基本构成要素。

(一) 产品溯源管理

从产品溯源的角度来讲，食品溯源体系可以认为是对食品建立从来源到销售的任何一个环节中能迅速召回的可识别和可追踪产品的记录体系。一旦发现某一批次的产品存在问题，就可以根据各环节所记载的信息，沿着食品供应链逆流而上查找出现问题的环节，并快速、准确地召回缺陷食品，从而降低食品安全危害。在食品溯源体系中，至关重要的是确定详细的产品规格、批次或批量规模。对批次规模可以按照生产或运行的时间、按照产量或有效期来确定。一般情况下，追溯某个产品或小批量产品的详细信息会增加追溯系统的成本；针对大批量产品进行追溯可以降低成本，但是会增加风险，一旦出现食品质量安全问题，将会有更多的产品受到牵连。因此，在批量规模决策时应综合考虑追溯成本和风险之间的关系。食品溯源建立在信息平台基础上，借助食品质量安全溯源系统，食品供应链成员能够及时了解食品质量安全信息，溯源速度快、透明度高，一旦出现食品质量安全问题，能够迅速查找问题的源头。

（二）过程溯源管理

相对于产品溯源，过程溯源更加关心食品在食品供应链中的流动过程。通过过程溯源，可以确定在食物生长和加工过程中影响食品质量安全的行为和活动，包括产品之间的相互作用、环境因子向食物或食品中的迁移以及食品中的污染情况等。

诱发食品质量安全问题的因素很多，而且分布十分广泛，有可能是在生产环节自然环境条件带来的污染，也有可能是受到食品加工环节环境卫生或添加材料的影响，或是流通过程中受到外界污染或食品组织损伤等而引发食品危害，还有可能是消费者食用方法不当或自身体质问题（如消费者属于敏感人群）。因此，对食品质量安全问题产生原因与机制的研究，应该从分析现代食品供应与需求的特性出发，利用食品溯源系统，对消费者获得产品之间的各个环节以及消费食品的全过程中所出现的情况进行追踪和溯源，这是过程溯源的内涵。

食品所具有的质量特性和食品供应链的日益复杂化，使食品供应链“从农田到餐桌”的任何一个环节都有可能引发食品质量安全问题，并造成严重的后果。过程溯源体系的建立，能够在食品供应链的每一个环节将与食品质量安全有关的有价值的信息保存下来，以备消费者和食品检测部门查询，有效地实现了食品信任特性信息的传递，以及快速有效地处置食品安全事件。

（三）基因溯源管理

通过溯源确定食品的基因构成，包括转基因食品的基因源及类型、农作物的品种等，推动 DNA 鉴定技术和生物标签技术等识别技术在基因溯源管理体系中的应用和发展。

由于转基因生物、转基因食品等对人类健康是否存在危险尚未明确，因而消费者有权知道自己所购买、食用的食品是否含有转基因成分，并选择是否购买、食用含有转基因成分的食品。因此，采用生物标签技术对转基因食品进行基因溯源，消费者能够了解转基因食品的基因源及类型，从而放心食用。此外，通过基因溯源，消费者可以了解农作物的品种。

（四）投入溯源管理

通过溯源，确定种植和养殖过程中投入物质的种类及来源，包括配料、化学喷洒剂、灌溉水源、家畜饲料、保存食品所使用的添加剂等。

蔬菜食品中的农药残留以及重金属污染仍然是我国农业生产的主要问题。从食品安全现状来看，农药残留、兽药残留和重金属污染问题，不仅危害人类健康，而且在一定程度上影响了中国农业经济的发展。

因此，当务之急就是要通过投入溯源来确定种植和养殖过程中投入物质的种类及来源，尤其是化学喷洒剂及家畜饲料等，只有这样才能更好地解决农药残留、兽药残留和重金属污染问题。同时，通过与食品溯源的其他基本要素相结合，例如疾病和害虫溯源等，可以更为精准地测定农药残留是否超标、被检测食品是否遭受重金属污染，或是其他需要解决的食品污染问题。

（五）疾病和害虫溯源管理

通过溯源，追溯病害的流行病学资料、生物危害以及摄取的其他来自农业生产原料的生物产品。食品安全是一个重要的全球性公共卫生问题，船舶食品供应更是不局限于一地。尽管科学技术已经发展到了相当的水平，但食品污染和食源性疾病在发达国家和发展中国家仍然普遍存在。建立更灵敏、更有效、更可靠、更简便的微生物检测技术，既是保证食品安全的迫切需求，也是食品微生物检测技术的发展趋势。同时，多种检测技术以及各学科的交叉发展也有望解决疾病和害虫溯源中所出现的各种问题。

第五节　船舶蔬果储藏保鲜冷藏链

一、船舶蔬果冷藏链的组成

（一）船舶蔬果冷藏链的结构

为了保持船舶蔬果的优良品质，从蔬果生产到食用之间需要维持一定的低温，即新鲜蔬果采收后在流通、储藏、运输、食用一系列过程中要实行低温控制，以防止新鲜度和品质下降，这种低温冷藏技术连贯的体系称为冷链储藏运输系统，简称为冷藏链或冷链。如果冷藏链中任何一环节发生问题，就将破坏整个冷链系统的完整性。整个冷链系统包含了一系列低温处理冷藏工艺和技术，低温运输在其中担负着联系、串联的中心作用。

（二）船舶蔬果冷藏链的分类

1. 按蔬果从采收加工到消耗的工艺流程的顺序分类

船舶蔬果冷藏链由预冷、冷藏运输、复合气调包装、低温储藏等部分组成。

（1）预冷

其主要涉及各类预冷装置。

（2）冷藏运输

其包括蔬果的中、长途运输及短途送货等，主要涉及铁路冷藏车、冷藏汽车、冷藏船、冷藏集装箱等低温运输工具。

在冷藏运输过程中，温度的波动是引起蔬果品质下降的主要原因之一，因此，运输工具不但要保持规定的低温，而且不能有较大的温度波动，长距离运输尤其重要。

（3）复合气调包装

其主要是在低温库内，采用复合保鲜气体（如 N_2、O_2、CO_2，3 种气体按蔬果特性配比混合）对已装入蔬果的塑料包装袋（盒）内的空气进行置换，改变包装袋内的气体比例，形成袋内的微型气调环境——微型气调库，从而达到减缓新鲜蔬果的新陈代谢，延长蔬果的保鲜期。

（4）低温储藏

其主要涉及生产单位、采购单位及船舶的冷藏库、各类储藏车、气调车以及设施与通风库等。

2. 按冷藏链中各环节的装置分类，可分为固定的装置和流动装置

（1）固定装置

固定装置包括气调库、冷藏库、冷藏柜等。冷藏库主要完成蔬果的收集、加工、复合气凋包装、储藏及分配，冷藏柜主要是船舶临时储藏用。

（2）流动装置

流动装置包括车载式真空冷却装置，如铁路冷藏车、冷藏汽车、冷藏船和冷藏集装箱等。

二、船舶蔬果冷藏保鲜条件

船舶蔬果都是靠运输将蔬果运送到船舶上的，在船舶蔬果的储藏保鲜中，运输便成为急需解决的问题。因此，如何科学地运输蔬果以及保鲜保质就显得格外重要。

冷藏运输是蔬果冷藏链中十分重要而又必不可少的一个环节，它是由冷藏运输设备来实现的。因此，冷藏运输可被认为在特殊环境下的短期储藏，而冷藏运输则是可以移动的小型冷藏库或小型气调库。蔬果在运输中除了与储藏时温度、湿度、气体成分、微生物等条件基本相似之外，其运输环境是运动的环境，因此，必须考虑运动环境的特点及其对蔬果品质的影响。

（一）蔬果运输中的振动

1. 振动与蔬果的物理损伤

从流变学的观点来看，蔬果属于黏弹性物体，当蔬果组织在生物屈服点以内时，表现为黏性流动变形及弹性变形相组合的复杂力学特性。在流变学中，典型的黏性体表现为带有阻尼的塑性，典型的弹性体则在应力的作用下呈现可以完全恢复的变形。新鲜蔬果组织的力学特性则是上述两种力学特性的多次组合。其振动造成的物理损伤主要有以下几种。

如蔬果组织受到高于生物屈服点的应力，则会造成细胞破裂，形成永久性机械损伤。因此，蔬果组织的黏弹性与生物屈服点组合成为蔬果组织抵抗运输中主要外力作用（振动、挤压、碰撞）的生物力学基础。至于蔬果组织对摩擦的适应性，主要取决于表皮组织的结构和强度。

振动是蔬果运输时的基本环境条件，更是船舶蔬果长期存在的储藏环境，因此当船舶驶离码头时，船舶蔬果就处于振动的储藏环境中。振动的物理特征主要为振幅与频率。振动强度以振动所产生的加速度来分级，达到一个重力加速度为 1 级。1 级以上的振动加速度可直接造成蔬果的物理损伤，1 级以下的振动也可能造成间接损伤。

一般来说，由于蔬果具有良好的黏弹性，可以吸收大量的冲击能量，因此，作为独立个体的抗冲击性能很好。虽然高达 45 级的加速度会造成单个苹果的跌伤，但是实际上 1 级以上的振动加速度就足以引起蔬果的损伤，这是因为振动常激发包装和包装内产品的各种运动。这些因素的相加效应在一般的振动强度下足以对某些蔬果造成损伤。此外，对于还不致发生机械损伤的振动，如果反复增加作用次数，那么蔬果抗冲击性也会急剧下降。这以后如果遇到稍大的振动冲击，那么有可能使蔬果产品受到损伤。运输距离越长，强度下降越大。振动对船舶蔬果造成的机械损伤有以下主要原因。

①运输和航行中的撞击。在运输中和在船舶条件下，蔬果的单体之间会互相撞击。有人测定，在卡车运输中，通常发生的振动加速度多为5级，而在包装物内装得不紧密或无内包装物时，振动加速度远远大于5级。因此，在远洋长途航行中，蔬果长时间的互相撞击和振动，将会引起蔬果的严重物理损伤。

②运输和航行中的二次振动。一般情况下，蔬果振动后，振动力被箱子、填充物等所吸收或者产生滑动，使蔬果所受的冲击力有所减弱。但是，如果在船舶航行中振动次数较多，蔬果在箱内下沉，使箱子的上部产生了空间，逐渐地使蔬果与箱子产生二次振动和旋转运动。这种情况在箱子上部最显著，上部的加速度为下部的2～3倍。其结果是上部的蔬果轻者变软、重者受伤。同时这种损伤与箱子的大小和装载量有关，箱子越大装得越多，损伤越严重。所以，船舶蔬果一般是上部的先腐烂。

③运输和航行中的共振。蔬果在运输和航行途中，箱内的果实之间、箱子与箱子之间、箱子与船舱间的振动频率一旦一致时，就会产生共振现象。有时在车的上部会产生较强的振动，共振点每分钟达百次以上，上部箱子受到上下、左右方向几倍的振动，使蔬果严重损伤。尤其在道路不平，车速过快时，这种共振更加频繁。另外，车内箱子垛得越高，共振就更严重。此外，即使垛同样高度，如果箱子较小，垛的箱子越多，那么上面箱子的振动也就越大。因此，船舶蔬果的装箱就显得尤为重要。

④运输和航行中的压力。蔬果在运输和航行中受到的压力主要有静负重力和反复加压力2种。在一个箱子内部，下部的蔬果不断地受到上部蔬果静负荷的压力，箱子越大，压力就越大。在同一个蔬果库内，下方的果箱一方面受到由上部果箱的静止负重，另一方面也受到运输和航行运动中的负重压，使下部果箱受到很大压力。这种压力因果箱的大小、垛的高低而异。

蔬果在运输中，发生1级以下的振动可能有无数次，由于反复振动，下部蔬果受到反复加压，使蔬果的抗压强度急剧下降。如果受到较大振动冲击，那么蔬果就会受到损伤。在长途运输中微小的振动是难以避免的，蔬果的鲜度必然受到影响。但大的振动是可以防止的，如道路不平，可采取减速等，防止蔬果反复加压。另外，长途运输用的果箱，应根据所装蔬果的耐压特性，选择大小、形状和抗压力不同的蔬果箱。

船舶航行时，船舶蔬果一直处于运输状态，上述的振动一直持续，因此船舶蔬果因振动造成的损伤比陆地要多几倍甚至几十倍。船舶蔬果的保鲜期也将远低于陆地蔬果的保鲜期。

2. 振动与蔬果的生理失调

振动除了引起蔬果组织的机械损伤之外，还将导致蔬果品质下降。

①振动与呼吸速度。在振动不造成蔬果外伤的情况下，振动一开始，蔬果呼吸立即上升，继续振动，呼吸速度逐渐增加，即使振动停止，呼吸也仍有暂时的继续上升。另外，在一定的振动时间内，振动越强呼吸作用越大，当振动时间再长，呼吸作用反而被抑制，产生异常生理反应。

②振动与成熟度。成熟蔬果一般对振动的敏感性高。例如，番茄在转色期最为敏感，在振动后，后熟过程中产生异常，如转色期推迟、果实风味变差等。

③振动外伤与呼吸速度。将蔬果往下跌落，使其产生外伤，就会立刻出现呼吸上升的现象，跌落距离越高，跌落越重，呼吸速度越大。另外，蔬果在运输中的滚动、加压等，产生外伤，也会引起呼吸速度上升。所以蔬果在选果、装箱、装车、运输等过程中应尽量减少振动，振动受伤的蔬果外观较差，营养物质减少，风味下降。

但是，在实际情况下蔬果能承受的振动加速度是一个非常复杂的问题，一般来说，按照蔬果的力学特征，可把蔬果划分为耐碰撞和摩擦、不耐碰撞、不耐摩擦、不耐碰撞和摩擦等类型。

（二）船舶蔬果温度

在运输和航行时，每种蔬果与在储藏保鲜时一样，都有一个最适宜的低温度。温度对蔬果品质起着决定性的影响，因此，现代蔬果运输最大的特点，就是对温度的控制。如外界温度高，由于受温度和呼吸热的共同影响，蔬果运输温度就会很高，造成大量腐败。但是在严寒季节，蔬果紧密堆垛利于其呼吸热积累，利于运输防寒。因此，蔬果运输必须在其适宜低温下进行。

1. 蔬果的呼吸热

在设计蔬果运输和冷藏方案时，必须掌握其呼吸热。因为呼吸热是控温运输和储藏中热量的一个最大来源。

常见蔬果呼吸热的推测值　　　　**单位：**kcal/（t·天）

蔬果品名	0℃	4.5℃	15.5℃
柠檬	130～230	150～480	580～1300
苹果	80～380	150～680	580～2000
李子	100～180	230～380	600～700

续表

蔬果品名	0℃	4.5℃	15.5℃
橘子	100～250	330～400	930～1300
桃子	230～350	350～500	1800～2300
鳄梨	1500～3300	2900～5800	3300～10000
樱桃	330～450		2800～3300
草莓	680～1000	900～1700	3900～5100
马铃薯		330～450	380～650
黄瓜			550～1700
洋葱	180～280	200	600
红薯	300～600	430～860	1100～1600
玉米	1800～2800	3300	9700
番茄（绿熟）	150	280	1600
番茄（完熟）	250	330	1400
卷心菜	580	680	2000
胡萝卜	530	880	2000
芹菜	400	600	2100
花菜		1100	2500
莴苣	1100	1600	3600
芦笋	1500～3300	2900～5800	5500～13000
秋葵		3000	8000
菠菜	1100～1700	2000～2800	9300～9600
青豌豆	2100	3300～4000	9900～11000

2. 最适运输温度

从理论上来说，蔬果的运输和航行温度最好与最适储藏温度保持一致。但是，实际上，这样往往使运输成本很高，不经济。因为蔬果的最适冷藏温度大多是为长期储藏而确定的，在现代运输条件下，蔬果的陆上运输很少超过10d；因此，蔬果运输只相当于短期的储藏，没有必要套用长期冷藏的指标。根据相关报道，芹菜采收后，在0℃，相对湿度90%～95%下可保存60d，平均呼吸热为79.5kJ/（t·h）。而在4.4℃时，呼吸热为117.2kJ/（t·h）。在

4.4℃下储藏40d的消耗与0℃下60d的消耗是相等的，如果以呼吸消耗来换算储藏期，那么，可以认为在4.4℃下运输1d的质量下降（不考虑其他因素）只相当于0℃下运输1.5d的质量下降。再有，苹果在4℃下运输1d的呼吸消耗只相当于0℃的最适冷藏温度下1.86d的消耗，即使运输期长达15d也只是使整个一年的冷藏寿命缩短13d。这表明在运输中，由于运送时间相对较短，如适当放宽低温条件，采用略高于最适冷藏温度的运输温度对蔬果品质的影响不大。而采取略高的温度，在运输经济性上则具有明显的好处，如采用保温车代替制冷车，可减少能源消耗，降低冷藏车的造价。

根据以上分析以及蔬果本身的特性，一般来说，蔬果的运输温度可以在4℃以上。当然，对于最适运输温度的确定，还应考虑运输时间的长短。

通常，根据对运输温度的要求，把蔬果分为四大类。

第一类为适于低温运输的温带蔬果，最适条件为0℃，相对湿度90%～95%，如苹果、桃、樱桃、梨。

第二类为对冷害不太敏感的热带、亚热带蔬果，如荔枝、龙眼、杨梅、柑橘、石榴，最适运输温度为2～5℃。

第三类为对冷害敏感的热带、亚热带蔬果，最适运输温度常在10～18℃，如香蕉、芒果、黄瓜、青番茄。

第四类为对高温相对不敏感的蔬果，适于常温运输，如洋葱、大蒜等。

运输时间越长，低温运输的温度应逐渐接近低温储藏的最适宜温度。一般超过6d以上的运输，低温运输蔬果的适宜温度应该与低温储藏的适宜温度相同。

船舶蔬果在航行期间既具有运输特征，又具有长期储存的特征，保鲜期和保质期都会有所下降。为保证远洋航行条件下对蔬果的需求，应综合考虑运输储藏成本和保鲜期。

（三）船舶蔬果运输湿度

蔬果在低温运输时，由于车厢的密封和产品堆码的密集，运输环境中的相对湿度一般应为95%左右。如果用纸箱运输，那么蔬果入箱后，在1d以内，箱内相对湿度可达95%～100%，在运输期间会一直保持这种状态。这样的高湿度，在短途运输中不会影响蔬果的品质和腐烂率。但如果是长途运输，高湿度会使纸箱吸湿，导致其强度下降，蔬果就会受到第二次损伤。为了防止这种情况的发生，纸箱的周围可开透气孔。

（四）气体成分

在常温运输中，蔬果箱内气体成分的变化不大。在低温运输中，由于车厢体的密闭和蔬果的呼吸作用，运输环境中会有CO_2的积累。但由于运输时间不长，CO_2积累到伤害浓度的可能性不大。在使用干冰直接冷却的冷藏运输系统中，CO_2浓度自然会很高，可达到20%～90%，有蔬果造成CO_2伤害的危险。所以，蔬果运输所用的干冰冷一般为间接冷却。但在控制的情况下，干冰直接制冷同时还可提供气调运输所需的CO_2源。

气调在运输中的好处，由于运输的时间短暂还不能充分体现。国外曾做过大量利用气调车运输的试验，只有草莓、香蕉等极少数品种具备明显的经济效益。此外，还有试验表明，即使使用气调冷藏车运输，也不能省掉运前的预冷处理。

三、船舶蔬果运输方式与运输工具

（一）船舶蔬果的运输方式

冷藏运输是船舶蔬果冷藏链十分重要又必不可少的一个环节。由冷藏运输工具来完成。冷藏运输工具是指本身能造成并维持一定的低温环境以运输新鲜蔬果的设施及装置。包括冷藏汽车、铁路冷藏车、冷藏船和冷藏集装箱等。这些运输工具用于公路运输、铁路运输、水路运输以及空运等运输方式。

1. 公路运输

公路运输是冷藏运输中最常用的重要方式。冷藏汽车作为运输工具，发展速度比铁路冷藏列车的发展速度更快。公路运输的特点是作业灵活方便，但运费较高，而且运输能力及质量常受路况的制约。在我国，路程为汽车一天之内能到达（约500km）的范围的蔬果运输多采用汽车，例如，蔬果的省内、市内运输，跨省的短途运输以及作为短途分配性运输（船舶蔬果运输就是短途分配性运输）。另外，公路运输也是蔬果在集散地流转的主要运输方式。

2. 铁路运输

铁路运输是陆路远距离运输大批蔬果的主要方式，铁路冷藏车是冷藏链中最重要的环节，因为铁路运输具有运输量大、速度快、运费低，适于长途运输、运输振动小、设施较好等特点。我国由铁路运输的肉类、水产等易腐产品曾占总运输量的90%以上，铁路运输的缺点为机动性能差，以及整个运输链的衔接需要汽车等其他运输工具来配套完成。

3. 水路运输

水路运输的优点是行驶平稳，由振动引起的损伤少、运量大、运费低廉。它作为蔬果产品在集散地的短途驳运效果很好。但水路运输限制在水网地带及沿海，而且在我国内河水路运输的中转环节较多，等待时间长，运输速度慢，影响蔬果产品的质量。海上运输在国外发展很快，许多岛国海上运输是其主要形式，多以外置式冷藏集装箱及冷藏船为运输工具。尤其是大型船舶的动力、能源供应充足，这为蔬果运输中的迅速预冷及精确控制运输温度提供了便利条件。因此，运输质量很高。蔬果的国际贸易，主要是靠海上冷藏运输。我国也正在大力发展海上运输。

4. 空运

空运的最大特点是速度快，但装载量很小，运价昂贵，适用于特供、价格高的高档蔬果的运输。如草莓、杨梅、鲜猴头、松茸以及活河鳗等产品渐采用空运。由于空运时间短，在数小时的航程中常无须使用制冷装置，只要蔬果在装机前预冷至一定的低温，并采取一定的保温措施即能取得较好的效果。在较长时间的飞行中，一般只用干冰作冷却剂，因干冰装置简单，操作方便，质量轻，故障少，十分适合航空运输的要水，它的温度范围一般在－18～5℃，可以根据产品情况自动调节。用于冷却蔬果的干冰制冷装置常采用间接冷却。

干冰装入冷却器中，从外侧和空气进行热交换，被冷却的空气，由风机送入冷藏室内。热交换结束，将 CO_2 排出飞机外。因此，干冰升华后产生的 CO_2 在飞机内不会积存，所以，不会造成飞机中的蔬果的 CO_2 中毒。

这种装置既可以在大型的客机上用做机上食品的保存，又可以用于航空货物的运输。

（二）船舶蔬果运输工具

1. 公路冷藏车

冷藏汽车作为冷藏链的一个中间环节，主要用在铁路不能到达的地方，由公路长途运输冷冻、冷藏产品，以及短途运输，是船舶蔬果的主要运输工具。

冷藏汽车根据制冷方式可分为机械制冷、液氮或干冰制冷、蓄冷板制冷等数种。这些制冷系统彼此差别很大，选择使用时应从产品种类、运行经济性、可靠性和使用寿命等方面进行综合考虑。

（1）机械制冷冷藏汽车

机械制冷冷藏汽车是采用制冷机组使车体内降温保温的专用运输工具。它通常用于远距离运输。

在冷藏运输新鲜蔬果时，将产生大量的呼吸热，为了及时减少和排除这些热量，除了运输前必须先进行预冷之外，在货堆内外都要留出一些间隙，以利通风。运输冷冻食品时，没有呼吸热放出，货堆内部不必留间隙，只要冷风在货堆周围循环即可。

机械制冷冷藏汽车的优点是：车内温度比较均匀稳定，温度可调，运输成本较低。缺点是：结构复杂，容易发生故障，维修费用较高；初投资较高；噪声大；大型车的冷却速度慢，时间长；需要融霜。

（2）保温车

保温车的车体与机械制冷冷藏汽车基本相同，它只具有良好的隔热层，无制冷系统，只适用于短途运输。如从陆基冷库往船舶配送货时，将冷冻、冷藏产品装入汽车，门关严后或加冰即可行驶。这种车也称为保冷车，在我国的城市里使用得较多。

（3）加冰保温车

加冰保温车与保温车不同的是，在保温车厢的前部有一个小的加冰箱，冰箱上方安装有鼓风机，由风机向货物室内送冷风，冷风从货物和车厢底部通过，再回到加冰箱，融化的水由冰箱下部排出。

它可使车厢内的温度保持在0℃左右。如果冰量减少，可将加冰箱上部的盖打开，随时加冰，因此，温度比较稳定。另外，送入货物室内的冷风湿度较大，防止蔬果水分蒸发。运输后的产品质量较高。

加冰保温车的主要缺点是由于加冰占去一部分空间，货物室内容积小，装载量少。同时耗冰量较大，费用较多。

（4）液氮或干冰制冷冷藏车

这种制冷方式的制冷剂是一次性使用的，或称消耗性的。常用的制冷剂包括液氮、干冰等。

液氮制冷冷藏车主要由液氮罐、喷嘴及温度控制器组成。冷藏汽车装好货物后，通过控制器设定车厢内要保持的温度，而感温器则把测得的实际温度传回温度控制器，当实际温度高于设定温度时，则自动打开液氮管道上的电磁阀，液氮从喷嘴喷出降温，当实际温度降到设定温度后，电磁阀自动关闭。液氮由喷嘴喷出后，立即蒸发汽化吸热，使车厢内降温，液氮汽化体积膨胀高达600倍，即使货堆密实，没有通风设施，氮气也能进入货堆内。冷的氮气下沉时，在车厢内形成自然对流，使温度更加均匀。为了防止液氮汽化时引起车厢内压力过高，车厢上部装有安全排气阀，有的还装有安全排气门。

液氮制冷时，车厢内的空气被氮气置换，而氮气是一种惰性气体，长途运输蔬果时，可减缓其呼吸作用。在运输肉类、水产等食品时还可防止脂肪被氧化。

液氮冷藏汽车的优点是：装置简单，使用方便，维护容易，初投资少；降温速度很快，在盛夏时即使在35℃，20min最低可下降到－20℃以下（如果使用机械制冷冷藏车，需要2h），可较好地保持产品的质量；无噪声；与机械制冷装置比较，质量大大减轻。缺点是：液氮成本较高；运输途中液氮补给困难，长途运输时必须装备大的液氮容器，减少了有效载货量。所以，它的使用范围较小。

用干冰制冷时，先使空气与干冰换热，然后借助通风使冷却后的空气在车厢内循环。吸热升华后的 CO_2 由排气管排出车外。

干冰制冷冷藏汽车的优点是：设备简单，投资费用低；故障率低，维修费用少；无噪声。缺点是：车厢内温度不够均匀，冷却速度较慢，时间长；干冰的成本高。

（5）蓄冷板冷藏汽车

这种冷藏汽车是利用装在车厢内的蓄冷板来进行制冷的。蓄冷板冷藏汽车内换热形式主要以辐射为主，为了利于空气对流，应将蓄冷板安装在车厢顶部，但这会使车厢的重心过高，不平稳。

蓄冷板汽车的蓄冷时间一般为 8～12h（环境温度 35℃，车厢内温度 −20℃），特殊的冷藏汽车可达 2～3d。保冷时间除取决于蓄冷板内共晶溶液的量外，还与车厢的隔热性能有关，因此应选择隔热性较好的材料作厢体。蓄冷板冷藏汽车多数不带制冷机组，但有的汽车上安装有小型制冷机组。制冷机组在停车时由车外电源供电并工作，使蓄冷板内的共晶溶液冻结。其自控装置会自动切换电源。

蓄冷板冷藏汽车的优点是：设备费用比机械式的低；可以利用夜间廉价的电力为蓄冷板蓄冷，降低运输费用；无噪声，故障少。缺点是：蓄冷板的数量不能太多，蓄冷能力有限，不适于超长距离运输冷冻食品；蓄冷板减少了汽车的有效容积和载货量；冷却速度慢；蓄冷板较重。

蓄冷板不仅用于冷藏汽车，还可用于铁路冷藏车、冷藏集装箱、小型冷藏库和食品冷藏柜等。也有为了使冷藏汽车更经济、方便，而采用以上几种方式的组合制冷形式的。

3. 铁路冷藏车

陆路远距离运输大批冷冻冷藏货物时，铁路冷藏车是冷藏链中最重要的环节。因为它的运量大、速度快。

对铁路冷藏车有以下要求：独立供应电力；占地面积小，结构紧凑；隔热、气密性能好；能适应恶劣气候；耐冲击和抗震性能好；维修方便，大修期长；具有备用机组；操作自动化。

根据降温方式的不同，铁路冷藏车可分为冰制冷、液氮或干冰制冷、机械制冷、蓄冷板制冷等。这些制冷方式彼此差别很大，选择使用时应从蔬果种类、运行经济性、可靠性和使用寿命等方面综合考虑。

（1）加冰冷藏车

加冰冷藏车是利用水冰、冰盐混合物等作为冷源冷却的，各型加冰冷藏车的共性是车内都装有冰箱，都具有排水设备、通风循环设备以及测温设备等。但这些设备的结构、装配和效能又各有特点。

冷藏车在运输食品时，在铁路沿线设有加冰站，如果食品温度上升，可在沿途补充冰量。由于冰或冰盐融化，解冻后的水和盐流到车体底部，会腐蚀货车和铁路沿线的设备。在冬季运输新鲜蔬果时，车厢内可以生火或用专门的升温设备，防止蔬果出现冻害。

加冰冷藏车由于使用冰盐混合物降温，一般只能在车内保持－8℃以上的温度；同时加冰冷藏车在装运未经预冷的货物时，车内温度降低缓慢，造成货物质量下降；而且，途中需要加冰，影响运行速度。而机械冷藏车能克服上述几方面的缺点，正逐步取代加冰冷藏车，成为铁路冷藏车的发展方向。

有时，一些蔬果不宜与水、冰直接接触，可用干冰代替冰作为冷却剂，这种冷藏车称为无冰或干冰制冷冷藏车。由于干冰的温度较低，使用时应该用纸或布将干冰包起来（置于车厢顶部），以控制其升华速度。靠干冰的升华吸热维持车内的低温。这种保温车适用于运输速冻蔬果，而运送新鲜的蔬果容易产生冻害。

干冰最大的特点就是从固态直接升华变为气态，而不产生液体。但是，若空气中含有水蒸气，干冰容器表面上将结霜，干冰升华完后，容器表面的霜会融化为水落到蔬果上，如车顶式干冰冷藏车在运输蔬果时，由于蔬果蒸发的水分，在车顶上结露，结露的水分又从上掉到蔬果的表面上，会造成蔬果腐烂。

用液氮和干冰的铁路冷藏车．其原理和结构均与同类冷藏汽车类似。干冰作为冷却剂，成本较高。

（2）机械制冷铁路冷藏车

机械制冷铁路冷藏车有 2 种结构形式：一种是每一节车厢都备有自己的制冷设备，用自备的柴油发电机组来驱动制冷压缩机，冷藏车可以单节与一般货物车厢编列运行；另一种铁路冷藏车的车厢中只装有制冷机组，没有柴油发电机，这种铁路冷藏车不能单辆与一般货物列车编列运行，只能组成单一机械列车运行，由专用车厢中的柴油发电机统一供电，驱动制冷压缩机。

机械冷藏车可在外界温度为－45～45℃的范围内工作，其用途如下：

①在－30～－17℃条件下，运输冻结产品（水产品、肉和预制菜肴等）；

②在－12～－9℃条件下，运输轻度冻结的产品（黄油、家禽和肉等）；

③在－3～0℃条件下，运输冷却产品（熏鱼、新鲜火腿和新鲜肉等）；

④在3～6℃条件下，运输新鲜产品（乳酪、蔬菜、坚果和番茄等）；

⑤在10～13℃条件下，运输热带和亚热带水果（香蕉和橘子等）。

上述条件分别对应于温度控制器的逐级可调温度，即－30℃、－20℃、－10℃、－2℃、4℃和11℃。为了在很低的外界温度下保持较高的运输温度，车内还配备车厢电加热装置。车内空气温度围绕调定值的波动范围为±1.5℃。

机械冷藏车具有下列优点：

保温和控温效果好。温度调节范围大，车内温度可在－30～15℃范围内调节，并且具有很强的制冷能力，能使货物迅速降温，在车厢内保持更均匀的温度并维持稳定，因而能更好地保持易腐食品的质量。

实现控制自动化。可以利用外界或车组电源，实现制冷、加温、通风及融霜自动化。

减少环节、提高效率。在运行途中不需加冰，因而可以缩短运输时间，加速货物送达和车辆周转，机动性和通用性较强。

但与加冰冷藏车相比，机械冷藏车也存在着造价高、易损件多、维修复杂、使用技术要求高、需要配备专业乘务人员和维修点等缺点。

（3）蓄冷板制冷铁路冷藏车

这种车主要是利用蓄冷板进行制冷，达到降温目的。蓄冷板制冷铁路冷藏车的最大优点在于设备费用低，并且可以利用夜间廉价的电力为蓄冷板蓄冷，降低运输费用，多适用于短距离运输。

关于蓄冷板的结构和布置原理与蓄冷板冷藏汽车相同。

4. 冷藏船

水路运输的主要工具是冷藏集装箱和冷藏船。

利用低温运输易腐货物的船只称为冷藏船。冷藏船主要用于渔业，尤其是船舶渔业。船舶渔业的作业时间很长，有时长达半年以上，必须用冷藏船将捕获物及时冷冻加工和冷藏。此外由海路运输易腐食品也必须用冷藏船。冷藏船运输是所有运输方式中成本最低的，但是在过去，由于冷藏船运输的速度很慢，而且受气候影响，运输时间长，装卸很麻烦，因而使用受到限制。现在随着冷藏船技术性能的提高，船速加快，运输批量加大，装卸集装箱化，冷藏船运输量逐年增加，成为国际易腐食品贸易中主要的运输工具。

运输冷藏船包括集装箱船，主要用于运输易腐食品和货物。它的隔热保温要求很严格，温度波动不超过±0.5℃。冷藏船上货物堆放在船体货舱（水下部分）和隔舱（水上部分）中，冷藏船上一般都装有制冷装置，船舱隔热保温，多采用氨或氟利昂制冷系统。冷却方式主要是冷风冷却，也可以向循环空气系统不断注入少量液氮，还可以用一次性注入干冰或液氮等方式进行冷却。

制冷机房设置在隔舱间或在主机间，氨制冷机多半设置在隔舱，这里通风良好，当发生事故时，人们逃离方便。氟利昂制冷机组设置在主机间。

5. 冷藏集装箱

近几年来，冷藏集装箱的发展速度很快，超过了其他冷藏运输工具的发展速度，成为运输易腐食品的主要工具。所谓冷藏集装箱，就是具有一定隔热性能，能保持一定低温，适用于各类食品冷藏贮运而进行特殊设计的集装箱。冷藏集装箱出现于 20 世纪 60 年代后期，冷藏集装箱具有钢质轻型骨架，内、外贴有钢板或轻金属板，两板之间充填隔热材料。常用的隔热材料有玻璃棉、聚苯乙烯、发泡聚氨酯等。

（1）冷藏集装箱的分类

①根据制冷方式，冷藏集装箱主要包括以下 4 种类型：

普通保温集装箱。无任何制冷装置，但箱壁具有良好的隔热性能。

外置式保温集装箱。无任何制冷装置，隔热性能很强，箱的一端有软管连接器，可与船上或陆上供冷站的制冷装置连接，使冷气在集装箱内循环，达到制冷效果，一般能保持－25℃的冷藏温度。该集装箱集中供冷，箱容利用率高，自重轻，使用时机械故障少。但是它必须由设有专门制冷装置的船舶装运，使用时箱内的温度不能单独调节。

内藏式冷藏集装箱。箱内带有制冷装置，可自己供冷。制冷机组安装在箱体的一端，冷风由风机从一端送入箱内。如果箱体过长，则采用两端同时送风，以保证箱内温度均匀。为了加强换热，常采用下送上回的冷风循环方式。

液氮和干冰冷藏集装箱。利用液氮或干冰制冷。

②按照运输方式，冷藏集装箱可分为海运和陆运 2 种，它们的外形尺寸没有很大的差别，但陆地运输特殊的要求又使二者存在一些差异。海运集装箱的制冷机组用电是由船上统一供给的，不需要自备发电机组，因此机组构造比较简单，体积较小，造价也较低。

但海运集装箱卸船后，因失去电源就得依靠码头上供电才能继续制冷，如转入铁路路运输时，就必须增设发电机组。

陆运集装箱是 20 世纪 80 年代初在欧洲发展起来的，主要用于铁路、公路和内河航运船上，因此必须自备柴油或汽油发电机组，才能保证在运输途中制冷机组用电。有的陆运集装箱采用制冷机组与冷藏汽车发电机组合一的机组，其优点是体积小、质量轻、价格低，缺点是柴油机必须始终保持运转、耗油量较大。

(2) 冷藏集装箱的特点

冷藏集装箱可广泛应用于铁路、公路、水路和空中运输，是一种经济合理的运输方式。使用冷藏集装箱运输的优点如下：

①装卸效率高，人工费用低。采用冷藏集装箱，简化了装卸作业，缩短了装卸时间，提高了装卸负荷，降低了运输成本。

②调度灵便，周转速度快，运输能力大，对小批量冷货也适合。

③大大减少甚至避免了运输货损和货差。冷藏集装箱运输在更换运输工具时，不需要重新装卸食品，简化了理货手续，为消灭货损、货差创造了十分有利的条件。

④提高货物质量。箱体内温度可以在一定的范围内调节，箱体上还设有换气孔，因此能适应各种易腐食品的冷藏运输要求，保证易腐食品的冷藏链不中断，而且温差可控制在±1℃之内，避免了温度波动对产品质量的影响，实现从“门到门”的运输。

从运输的综合技术经济效果看，以冷藏集装箱最为突出。它的突出优点是“门到门”运输，以及由此带来的经济效益，如加速货物送达，能更好地保持货物质量，加快资金周转，降低费用等，为其他方式所不及。冷藏集装箱的较高投资可很快从运营费用的节约中收回。因而，集装箱的发展速度最快。

（三）船舶蔬果的预冷

在使用无冷源的保温车时，充分预冷是温热季运输的必要前提。在使用有冷源的冷藏车时，由于冷藏车的制冷能力的设计需综合考虑造价及运输经济性，一般情况下，运输车辆的制冷能力仅能用于维持已冷却货物的温度。如用于运输未预冷却货物，则使制冷负荷大大增加，蔬果冷却极为缓慢。据报道，在运输工具内利用制冷机组进行预冷往往需要 70～80h。这常使蔬果在运输结束时还未达到规定温度。

为了避免冷却速度过慢，则往往需要减少蔬果的装载量，这又使运输成本剧增。因此，即使使用冷藏车运输，蔬果预冷也是一个必需的步骤，足见蔬果预冷是冷藏链中的一个重要环节。

在目前的条件下，预冷是蔬果运输事业发展的一大制约因素。由于没有形成供运输用的预冷系统，大大限制了经济性较好的无冷源保温车的应用，也使得冷藏车的使用效率大为下降。因此，在各主要运输装车地尽快兴建预冷站或由地方冷库、铁路制冰厂开办预冷业务，已成为当务之急。

（四）船舶蔬果装载

1. 装载要求

蔬果装载量确定的基本要求：在保证运输质量的前提下，兼顾车辆质量和体积。要确定蔬果的装载量，必须考虑如下因素：一是船舶冷库体积及蔬果质量/体积。在我国的情况下，船舶航行既要装冷冻食品如冻肉、速冻蔬菜、预加工食品，又装冷却食品如蔬果、鲜蛋。二是蔬果的性质和热量状态。蔬果及包装是否坚实耐压，以及预冷程度、呼吸热的大小等，既影响装载方法，又影响冷库热负荷，当然也影响装载量。三是季节。外界温度、冷库的隔热性能和状态一起决定船舶航行中热负荷的大小和热平衡。如热负荷大，制冷能力不足，则只能减少装载量，这一点在热季航行时特别明显。显然，热季未预冷蔬果的装载量是最低的，因为热季高温及未预冷蔬果均使冷库热负荷增大，而在热季机械制冷机的运行状况下降，制冷能力反而下降。

蔬果冷藏运输的装载量计算，要按已预冷及未预冷 2 种情况分别进行。一般情况下船舶冷库的制冷能力是足够的，故装载量可不考虑制冷能力。

2. 装载方法

蔬果运输的装载方法，是影响运输质量的重要因素。对于有呼吸热的蔬果产品来说，装载时各货物之间留有一定的间隙，使车内空气能在货物之间流动，让每件货物都能接触冷空气，以利于呼吸热的散发。货物必须装载牢固，以防止移动、碰撞、振动造成的损伤。

蔬果的装卸作业最好在夜间进行。因夜间温度低，无太阳辐射。如必须在白天作业时，装卸场地应有防晒、防雨设施。

蔬果的装卸应尽可能在短时间内完成。装载已预冷的蔬果时，作业不得中断，装车后应及时关门密封，减少外界热量传入。

装船时，货件不应直接堆放，也不应紧靠库壁。底板上要有完好底格。

3. 船舶蔬果的混装

在冷藏或保温航行时，车厢内一般只能调节到一个温度。此外，通风有限，这样的环境一般是不适宜蔬果产品混装的。将生理特性各异的蔬果混装在一起，有时会产生严重的后果。但是出于条件限制的考虑，船舶远航时，往往将蔬果混装在一起。但在混装时，要考虑其相容性。

①温度。对最适温度有较大差异的蔬果不能混装，如香蕉、凤梨等热带水果与苹果、梨等温带水果不能混装，否则温度调到温带水果的适温时，热带水果受冷害，温度调高时，则加速温带水果的损耗。

②相对湿度。洋葱、蒜头等要求低湿度的蔬菜不能与一般要求高湿度的蔬

果混装。

③乙烯和其他挥发物。有许多蔬果在很少量乙烯（C_2H_4）存在时会加快成熟或产生伤害，如莴苣和胡萝卜，而许多其他蔬果可产生乙烯，如苹果、鳄梨、香蕉、梨、番茄，显然这两类蔬果不能混装。

另外，有些蔬果具有强烈的挥发物，虽然对其他蔬果的生理作用不明显，但是容易串味，也不适宜混装。

为了便于选择可相容的农作物，国际制冷学会把80多种蔬果分成9个可以混装的组。

第一组，苹果、杏、浆果、樱桃、无花果（不得与苹果混装）、葡萄、桃、梨、柿、李、梅，适宜运输温度0～1.5℃，相对湿度90%～95%，浆果和樱桃可用10%～20%CO_2气调包装运输。

第二组，香蕉、番石榴、芒果、薄皮香瓜和蜜瓜、鲜橄榄、木瓜、菠萝、青番茄、粉红番茄、茄子、西瓜，适宜运输的温度13～18℃，相对湿度85%～95%。

第三组，厚皮甜瓜类、柠檬、荔枝、橘子、橙子、红橘，适宜运输的温度2.5～5℃，相对湿度90%～95%，甜瓜类为95%。

第四组，蚕豆、秋葵、红辣椒、青辣椒（不得与蚕豆混装）、美洲南瓜、印度南瓜等，适宜运输温度4.5～7.5℃（蚕豆为3.5～5.5℃），相对湿度95%。

第五组，黄瓜、茄子、姜（不得与茄子混装）、马铃薯、南瓜（印度南瓜）、西瓜，适宜运输温度8～13℃，生姜不得低于13℃，相对湿度85%～95%。

第六组，芦笋、红甜菜、胡萝卜、无花果、葡萄、韭菜（不可与无花果、葡萄混装）、莴苣、蘑菇、荷兰芹、防风草、豌豆、大黄、菠菜、芹菜、小白菜、通菜、甜玉米，适宜运输温度0～1.5℃，适宜相对湿度95%～100%。除无花果、葡萄、蘑菇外，这一组其他货物均可与第七组货物混装，芦笋、无花果、葡萄、蘑菇等任何时候均不得与冰接触。

第七组，花茎甘蓝、抱子甘蓝、甘蓝、花椰菜、芹菜、洋葱、萝卜、芜菁，适宜运输温度0～1.5℃，适宜相对湿度95%～100%，可与冰接触。

第八组，生姜、早熟马铃薯、甘薯，推荐的运输温度13～18℃，相对湿度85%～95%。

第九组，大蒜、洋葱，推荐的运输温度0～1.5℃，适宜相对湿度65%～75%。

第五章　船舶食品保障装备与管理

第一节　船舶常用食品保障装备

根据船舶布局和特点，可按如图 5－1 所示结构设计船舶食品加工和保障操作间。

图 5－1

具体装备与构成可参考表 5－1。

表 5－1　装备及其构成

名称	技术参数	装备描述	备注
三眼电磁灶	型号：DCZ－12/12/5 电制：380V－3PH－50Hz 功率：29kW 尺寸：2400×1100×850	整体不锈钢材质，美观大方，经久耐用 采用全封闭机芯 设有五档功率调节开关及多功能显示屏 无明火、无废气、低噪音 电磁加热，无热辐射，高效节能	
蒸饭箱	型号：DHZ－36 容量：36kg 电制：380V－3PH－50Hz 功率：9kW 尺寸：620×760×1760	全不锈钢结构 设定时器，最长时间为 2 小时 水位控制实现自动补水 电气控制箱独立设置，箱内设除湿装置	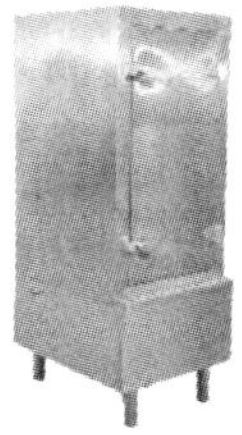
可倾式 电汤锅	型号：DZG－60Q 容量：60L 电制：380V－3PH－50Hz 功率：9kW 尺寸：930×700×980	造型美观大方、耐腐蚀、易清洁 不锈钢结构 锅体双隔层设计 蜗轮蜗杆传动倾锅 装有压力表及安全阀 采用电加热方法，无明火、无污染	
万能蒸烤箱	型号：FCF061ES 容量：6 盘 电制：380V－3PH－50Hz 功率：10kW 尺寸：870×770×1685	专业设计、别致精巧，美观耐用，体积小，容量大 全不锈钢结构，性能稳定安全可靠 可设定多种程序，提高工作效率 耐高温玻璃门及柜内照明灯，容易检视操作	
切片机	型号：SS－250 容量：6 盘 电制：220V－1PH－50Hz 功率：0.15kW 尺寸：485×406×367	高硬度合金钢切刀 切片厚薄均匀，厚度调节方便 设备自带保护装置	

续表

名称	技术参数	装备描述	备注
绞肉机	型号：TJ12F 容量：120kg/h 电制：220V－1PH－50Hz 功率：0.8kW 尺寸：380×220×410	不锈钢漏斗及盛盘 螺旋式转轴，易清洗 结构紧凑、外形美观 操作简单、易于维护	
开水器（挂壁式）	型号：PK－3/B 容量：24L 电制：380V－3PH－50Hz 功率：3kW 尺寸：360×350×825	全不锈钢结构 设自动补水浮球阀 设断水保护功能 设可饮用指示灯和水温表	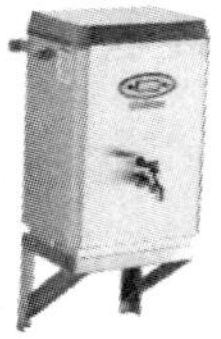
不锈钢调味品桌	尺寸：420×1100×850	304 不锈钢制造	
聚乙烯砧板及不锈钢架	尺寸：650×650×850	304 不锈钢制造	
不锈钢工作台（带调味品桌）	尺寸：1600×1100×850	304 不锈钢制造	
不锈钢挂墙架	尺寸：1600×400×110	304 不锈钢制造	
不锈钢双眼桌	尺寸：2080×650×850	304 不锈钢制造	
不锈钢集气罩（带离心风机/风管/弯头）	尺寸：2800×1100×350	304 不锈钢制造	
不锈钢工作台	尺寸：1900×650×850	304 不锈钢制造	
多用机	型号：AE－30N 容量：30L 电制：380V－3PH－50Hz 功率：1kW 尺寸：621×610×1100	球型、拍型、花蕾型三种搅拌器 变速灵活，操作方便 噪音低、耗能小、效率高 不锈钢安全网，加强安全性，使用更加放心 带定时功能	

续表

名称	技术参数	装备描述	备注
不锈钢平台冰箱（带揉面功能）	型号：PRO035R1FM 容量：350L 电制：220V－1PH－50Hz 功率：0.45kW 尺寸：1800×650×850	内藏式蒸发器 内外箱体全不锈钢结构 采用数显控制 冰箱内设搁架	
不锈钢工作台	尺寸：1800×600×850 数量：1	304 不锈钢制造	
双温开水器（落地式）	型号：PK－9/WT 容量：60L 电制：380V－3PH－50Hz 功率：6kW 尺寸：600×610×1600	智能双温设计，100%开水 微电脑控制 卫生耐用 选用 304 不锈钢制造	
消毒柜	型号：RTP350MC 容量：350L 电制：220V－1PH－50Hz 功率：2.2kW 尺寸：650×650×1960	纯不锈钢外壳，经久耐用 热风循环消毒，采用立体循环风高温杀菌，杀毒效果彻底，无死角 温度控制精确，性能优良	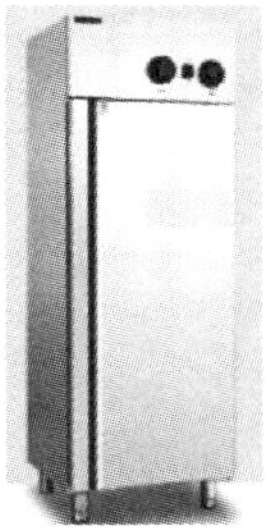
电热保温桌	型号：RC1565 容量：4 格 电制：220V－1PH－50Hz 功率：2kW 尺寸：1500×650×850	全不锈钢结构 保温温度由温控器控制，可根据需要设定温度，并恒温 下设储物柜，方便餐具存放 带防干烧装置，使用更安全	湿式保温 
不锈钢工作台	尺寸：1500×650×850	304 不锈钢制造	
不锈钢转角工作台	尺寸：1800/1250×650×850	304 不锈钢制造	
不锈钢单池洗桌	尺寸：1500×650×850	304 不锈钢制造	
微波炉	型号：G80F25CSL 容量：25L 电制：220V－1PH－50Hz 功率：1.3kW 尺寸：502×420×310	智能操控 高效速热（热效率提升 10%） 质感拉手，磨砂按键 配吸盘式底脚	

续表

名称	技术参数	装备描述	备注
多士炉（4片）	型号：4ATS 容量：160片/h 电制：220V－1PH－50Hz 功率：2.3kW 尺寸：330×220×225	不锈钢结构，优质电热材料，面包片烘烤可分区控制，装有定时器，设面包取出装置及不锈钢面包接屑盘。 吸盘式底脚固定	
咖啡机	型号：ND1000A 容量：160Cups/h 电制：220V－1PH－50Hz 功率：2kW 尺寸：215×400×460	不锈钢机身 带缺水保护、温度保护 操作方便 吸盘式底脚固定	
不锈钢吊柜	尺寸：900×300×600	304不锈钢制造	

第二节　船舶食品装备信息化管理

在物联网时代，食品保障已经由完全人工逐步向半自动化甚至全自动化管理发展，利用现有的物流网络可以实现所需物资高速运输；利用物联网技术，可以及时了解食品装备使用情况和进行仓储物资管理。食品保障的数字化可以大幅度减少人力资源消耗，提高资源利用率，也可以及时记录船舶人员工作生活情况，提高管理效率。例如，将船舶食品装备使用情况信息记录在信息系统中，可以查看是否已完成相应保障情况、设备的利用率等。根据设备检测状况，在物资设备管理中，加入RFID技术和信息化管理技术，提高物资清查、备件更换、检修数据收集等工作的效率。

在食品装备管理中，可以部署高带宽局域网，方便在船舶上处理各项事务，做到船舶食品部门与其他管理部门的消息互通。如发生故障，可以依托信息化远程系统进行指导维修，利用仓储与物流相结合的备品备件体系对食品信息化设备做到备件及时更换和故障设备维修。在食品补给设施建设上，可以结合信息技术和计算机技术，建立补给信息化管理系统和食品设备管理系统。食品补给信息化管理系统用于统一协调岸上采购、码头或基地仓储、船舶和运输、海上船舶之间补给等工作。船舶设备管理系统则可以显示食品设备使用情况，船舶物资清点情况和使用保养情况，提高处理效率。同时食品保障系统还可以录入各个库存点的物资储备情况，根据任务需求建立保障制度。

船舶食品装备管理的信息化建设，指的是在相关领导的组织与规划之下，充分利用现代信息技术，以信息基础设备、信息网络平台作为依托，实现对船舶食品装备管理信息资源的研发与利用，实现装备管理的科学性、准确度。

在船舶食品装备信息化建设过程中，主要包括以下建设内容。①管理主体。装备管理人员即为管理主体，也是信息化建设过程中的决策人与执行人。可以说，加强对装备管理信息化人才的培养是信息化建设的关键一环。②管理客体。装备管理的对象即为管理客体，包括食品装备、管理 PDF 者、使用者以及设施设备等资源。管理客体的信息化建设，主要是通过利用智能信息技术将客体的有价值信息转换成能够被系统所识别的数字化信息，从而实现装备的动态可视化。③管理手段。管理手段，也就是在实现信息化建设的途径与所采取的措施。管理手段的信息化建设，则指的是通过加强信息系统的软硬件研发与建设，实现信息系统与相关智能设备的创新应用，进而确保食品装备管理的精确与高效。④管理业务。管理业务的信息化建设，主要是根据装备管理过程中的业务需要，通过相应的技术手段，提高业务处理的能力。业务包括装备的调配与供应、维修等。⑤管理决策。基于信息系统的数据资源，为决策者提供准确的信息，帮助提高决策的科学性与可行性。⑥管理环境。管理环境主要是指政策法规、安全与建设管理等环境。

当前，食品装备管理信息化建设主要有如下问题。①信息化的基础设施还不够完善。由于理论论证、经费等的缺乏，信息化网络并不足以延伸至所有的装备，相关的配套设施等也不够全面。②信息化软件系统功能单一。信息化软件系统的功能单一、利用效率低下等都会对食品装备管理产生严重的负面影响。特别是装备管理的信息系统往往种类较多且十分复杂，系统的兼容性也较差，难以实现整个装备管理信息系统的互相联系。此外，很多系统功能单一，实用性也较差。信息化运行机制有待加强监管。相应管理制度的缺乏，致使在信息化建设的信息采集、存储、传送等的各个环节都缺少了一定的约束性与规范性，使得出现问题时，工作效率也较低。③缺乏专业人才。在信息化建设中专业性人才的存在与培养十分重要。而在实际中，很多装备管理船舶人员的学历较低，致使信息化管理人员、使用人员以及维护人员等的整体专业素养往往达不到信息化管理的要求。专业人才储备的缺乏、部分管理者对于信息化建设的重视程度较低等，都极大地阻碍了装备管理信息化建设的顺利进行。

在船舶食品装备管理信息化建设中，应注重以下建设。①统筹规划。首先，做好标准化与技术体制的协调统一，即把食品装备管理信息化建设全面纳入船舶各项建设，按照统一的规划、管理要求，制定科学的建设方案与合理的建设标准，进而实现建设机制的建立与健全。其次，做到科学规划、管理信息资源，即在论证阶段，通过资源规划、建设规划二者之间的有机结合，来实现对于信息资源的最大化利用。最后，做到需求论证环节的有效组织，即在船舶统一管理之下，积极鼓励与引导管理人员、使用人员参与到建设目的、建设方向的确立工作中。②完善运行机制。首先，做好基础信息建设工作。将有关食品装备的所有数据、使用情况等掌握清楚，明确装备管理系统的软件、硬件用途，从而认识与了解当下船舶食品装备的管理规律，分析管理中存在的突出问题，加强制度的规范化建设，切实保障装备效率的有效提升。其次，做到规范化管理食品装备，即对当前的管理制度、规范等进行修改与完善，对于装备基础设施、管理方式、制度等，提出相应的配套标准。同时，针对信息管理中存在的重视检查过程而轻视质量等问题，基于信息化系统，制定符合指标要求的管理考核实施细则，从而有效实现考评的科学性与全面性。最后，做到管理机制的健全与优化，即结合食品装备管理的转型需要，对于当前管理工作、流程的各个环节加以规范，进而确保信息资源的实时传递、共享及其有效利用。③加强专业化人才培养。专业人才的存在与培养是食品装备管理信息化建设的基础保障。在人才培养方面，可以通过培训学习等方式，提升保障人员的专业知识与学习技能，做到理论与实际相结合，切实提高执行人员在信息化建设的过程中解决实际难题的能力。除此之外，还要做到加强教育引导。在日常的学习培训当中，加强基础知识与相关常识的教育培训，以信息化建设的特点与规律作为出发点，牢固树立做好装备管理信息化建设的思想基石。在学习信息化基础理论的同时，也要做到优化知识结构，将基础知识与时代发展、科技进步相结合，以满足信息化建设中对各项技术应用的需要。专业人才不能仅限于掌握当前所学的知识与技术能力，还要学会进行创新工作，满足船舶食品装备管理信息化建设不断发展的需要。

第六章　船舶食品膳食食谱与用量

船舶的主食安排，实行基本主食与花样主食相结合的原则，早餐为保证船舶人员能量的需要与促进食欲的要求，可适当增加 1 种花样主食。副食安排，根据我国膳食习惯，早餐安排蛋品 1 种，小菜 2～3 种，炒或拌菜 1～2 种，并适量安排豆制品。在基础膳食结构分析中，动物性食品与蔬菜的比例为1：3.4左右，这样全天安排大荤菜 1 种，半荤菜 1 种（或不安排大荤菜时，安排半荤菜 2 种），小荤菜 3～4 种，全素菜 2～3 种，能保证动物性食物与蔬菜按比例消耗（按此种消费模式，动物性食品与蔬菜的比例基本为 1：3.2～3.4）。再根据午餐膳食质量应稍高于晚餐的原则，合理安排在午餐和晚餐中。这种膳食模式基本上是“四菜一汤”的模式，能够符合食物定量标准和合理调剂的要求。其模式见表 6－1。

表 6－1　食谱模式

餐　次	主　食	副　食	汤饮料
早　餐	基本主食 1 种 花样主食 1 种	蛋品 1 种 小菜 3 种 炒或拌菜 1 种	稀饭 1 种 豆奶或牛奶 1 种
午　餐	基本主食 1 种	大荤或半荤菜 2 种 小荤菜 2 种 全素菜 1 种	汤菜 1 种
晚　餐	基本主食 1 种	半荤菜 1 种 小荤菜 2 种 全素菜 1 种	汤菜 1 种

第一节　南方食谱举例

一、春季

南方春季食谱见表 6－2。

表 6－2　南方春季食谱

	星期一	星期二	星期三	星期四	星期五	星期六	星期日
早餐	馒头	馒头	馒头	馒头	馒头	馒头	馒头
	油条	发糕	肉末花卷	欢喜坨	油饼	鲜肉小包	炒米粉
	豆奶	豆奶	豆奶	豆奶	豆奶	豆奶	豆奶
	咸鸭蛋一个	煮鸡蛋一个	葱爆鸡蛋	咸鸡蛋一个	煮鸡蛋一个	煮鸡蛋一个	咸鸭蛋一个
	凉拌三丝	凉拌海带丝	拌三丝	拌蒜泥黄瓜	炒三丝	拌蒜泥黄瓜	拌三丝
	油炸花生米	炝酸辣白菜	大头菜	炒莴苣片	炝酸辣包菜	炒雪里蕻	炝酸辣包菜
	豆腐乳	卤豆腐干	炝榨菜丝	泡包菜	蒜茄子	豆腐乳	酱黄瓜
	酸辣白菜	什锦咸菜	蒜茄子	什锦咸菜	五香萝卜干	什锦咸菜	榨菜
	小米粥	稀饭	玉米羹	小米粥	稀饭	玉米羹	稀饭
午餐	大米饭	大米饭	大米饭	大米饭	大米饭	大米饭	大米饭
	烧鱼块	土豆烧牛肉	宫保鸡丁	红烧带鱼	熘肉片	蒜薹炒肉丝	红烧鱼块
	萝卜烧牛肉	荤炒三丁	肉片炒白菜	豆腐炖肉片	肉片炒白菜	土豆烧牛肉	熘肝尖
	荤炒三丝	莴苣炒肉片	莴苣炒肉丝	酱爆鸡丁	素炒黄豆芽	醋熘白菜	荤炒三丝
	素炒菠菜	炒菠菜	清炒绿豆芽	炒菠菜	蒜苗炒豆腐干	肉片炖豆腐	炒小白菜
	鱼头豆腐汤	三丝汤	小白菜蛋汤	西红柿蛋汤	三鲜汤	三丝汤	三鲜汤
晚餐	大米饭	大米饭	大米饭	大米饭	大米饭	大米饭	大米饭
	土豆红烧肉	洋葱爆猪肝	鱼块炖豆腐	牛肉炖萝卜	牛肉炖土豆	滑熘肉片	红烧鸡块
	白菜烧肉片	黄瓜炒肉片	土豆片炒肉	肉片炒包菜	荤炒三鲜	萝卜炖鸡块	肉末三鲜
	家常豆腐	素炒三丝	炒三丁	醋熘白菜	鱼香肉丝	千张炒白菜	黄瓜炒肉片
	清炒莴苣	糖醋白菜	素炒小白菜	素炒三丝	炒小白菜	素炒绿豆芽	炒菠菜
	三鲜汤	肉末菠菜汤	三鲜汤	豆芽肉丝汤	西红柿蛋汤	菠菜蛋汤	肉丝三鲜汤
备注	周末小改善安排在周五午餐，增加“浇汁全鱼”和“麻婆豆腐”两个菜						

（一）食谱所用原料清单（原料清单按每人每餐计量，下同）

1. 星期一

早餐

馒头	面粉 150g
油条	面粉 50g
豆奶	豆乳粉 25g，白糖 25g
咸鸭蛋一个	鸭蛋 60g
凉拌三丝	芹菜 50g，红椒 10g，粉丝 15g
油炸花生米	花生米 25g
豆腐乳	腐乳 15g
酸辣白菜	大白菜 75g
小米粥	小米 25g

午餐

大米饭	大米 250g
烧鱼块	鲢鱼 75g
萝卜烧牛肉	白萝卜 40g，胡萝卜 30g，牛肉 30g
荤炒三丝	千张 20g，青椒 50g，猪肉 20g
素炒菠菜	菠菜 125g
鱼头豆腐汤	鱼头 25g，豆腐 20g

晚餐

大米饭	大米 220g
土豆红烧肉	猪肉 50g，土豆 100g，白糖 10g
白菜烧肉片	大白菜 100g，猪肉 20g
家常豆腐	豆腐 100g，猪肉 10g
清炒莴苣	莴苣 125g
三鲜汤	鸡蛋 10g，小白菜 20g，榨菜 5g

2. 星期二

早餐

馒头	面粉 150g
发糕	大米粉 50g，白糖 15g
豆奶	豆乳粉 25g，白糖 25g
煮鸡蛋一个	鸡蛋 50g
凉拌海带丝	海带 15g

炝酸辣白菜	泡白菜50g，大葱10g
卤豆腐干	豆腐干30g
什锦咸菜	咸菜15g
稀饭	大米25g
午餐	
大米饭	大米250g
土豆烧牛肉	牛肉50g，土豆75g
荤炒三丁	鸡肉25g，胡萝卜40g，豆腐干30g
莴苣炒肉片	猪肉25g，莴苣75g
炒菠菜	菠菜125g
三丝汤	猪肉10g，海带10g，千张10g
晚餐	
大米饭	大米225g
洋葱爆猪肝	猪肝50g，洋葱75g
黄瓜炒肉片	猪肉20g，黄瓜75g
素炒三丝	土豆50g，青椒40g，榨菜10g
糖醋白菜	大白菜125g，猪肉10g，白糖10g
肉末菠菜汤	猪肉5g，菠菜20g

3. 星期三

早餐	
馒头	面粉150g
肉末花卷	面粉50g，猪肉10g
豆奶	豆乳粉25g，白糖25g
葱爆鸡蛋	鸡蛋50g，大葱50g
拌三丝	芹菜50g，胡萝卜25g
大头菜	大头菜30g
炝榨菜丝	榨菜20g
蒜茄子	茄子30g，蒜头5g
玉米羹	玉米25g
午餐	
大米饭	大米250g
宫保鸡丁	鸡肉50g，花生米25g
肉片炒白菜	猪肉40g，大白菜100g

莴苣炒肉丝	猪肉30g，莴苣75g
青炒绿豆芽	绿豆芽100g
小白菜蛋汤	鸡蛋10g，小白菜20g
晚餐	
大米饭	大米225g
鱼块炖豆腐	鲢鱼50g，豆腐75g
土豆片炒肉	猪肉25g，土豆75g
炒三丁	豆腐干30g，青豆30g，胡萝卜40g，猪肉10g
素炒小白菜	小白菜125g
三鲜汤	猪肉5g，海带10g，豆腐10g

4. 星期四

早餐	
馒头	面粉100g
欢喜坨（芝麻团）	大米粉100g，白糖20g，芝麻5g
豆奶	豆乳粉25g，白糖25g
咸鸡蛋一个	鸡蛋50g
拌蒜泥黄瓜	黄瓜50g，蒜头5g
炒莴苣片	莴苣75g，蒜苗20g
泡包菜	泡包菜30g
什锦咸菜	咸菜20g
小米粥	小米25g
午餐	
大米饭	大米250g
红烧带鱼	带鱼75g
豆腐炖肉片	猪肉25g，豆腐100g
酱爆鸡丁	鸡肉25g，豆瓣酱10g，胡萝卜50g，白糖10g
炒菠菜	菠菜125g
西红柿蛋汤	鸡蛋10g，西红柿20g
晚餐	
大米饭	大米225g
牛肉炖萝卜	牛肉50g，白萝卜50g，胡萝卜25g
肉片炒包菜	猪肉20g，包菜75g
醋熘白菜	大白菜125g，猪肉10g

素炒三丝	千张 30g，芹菜 50g，胡萝卜 20g
豆芽肉丝汤	猪肉 5g，黄豆芽 20g

5. 星期五

早餐

馒头	面粉 150g
油饼	面粉 50g
豆奶	豆乳粉 25g，白糖 25g
煮鸡蛋一个	鸡蛋 50g
炒三丝	胡萝卜 40g，小葱 5g，榨菜 5g
炝酸辣包菜	包菜 75g
蒜茄子	茄子 30g，蒜头 5g
五香萝卜干	萝卜 15g
稀饭	大米 25g

午餐

大米饭	大米 250g
熘肉片	猪肉 50g，莴苣 80g
肉片炒白菜	猪肉 25g，大白菜 100g
素炒黄豆芽	黄豆芽 75g
蒜苗炒豆腐	蒜苗 50g，豆腐干 20g
三鲜汤	猪肉 10g，榨菜 5g，豆腐 10g

加菜：

浇汁全鱼	鲢鱼 75g，豆瓣酱 10g
麻婆豆腐	豆腐 100g

晚餐

大米饭	大米 225g
牛肉炖土豆	牛肉 40g，土豆 60g，白糖 10g
荤炒三鲜	猪肉 25g，海带 20g，莴苣 50g
鱼香肉丝	猪肉 25g，青椒 30g，胡萝卜 30g，白糖 10g
炒小白菜	小白菜 100g
西红柿蛋汤	鸡蛋 10g，西红柿 20g

6. 星期六

早餐

馒头	面粉 100g

鲜肉小包	面粉 100g，大白菜 100g，猪肉 20g
豆奶	豆乳粉 25g，白糖 25g
煮鸡蛋一个	鸡蛋 50g
拌蒜泥黄瓜	黄瓜 50g，蒜头 5g
炒雪里蕻	腌雪里蕻 25g，豆腐干 25g
豆腐乳	豆腐乳 15g
什锦咸菜	咸菜 20g
玉米羹	玉米糁 25g，鸡蛋 10g，白糖 10g
午餐	
大米饭	大米 250g
蒜薹炒肉丝	猪肉 25g，蒜薹 50g
土豆烧牛肉	牛肉 50g，土豆 75g，白糖 10g
醋熘白菜	大白菜 125g
肉片炖豆腐	豆腐 50g，猪肉 15g
三丝汤	猪肉 10g，粉丝 5g，榨菜 5g
晚餐	
大米饭	大米 225g
滑熘肉片	猪肉 20g，莴苣 50g
萝卜炖鸡块	鸡肉 50g，白萝卜 50g，胡萝卜 20g
千张炒白菜	千张 25g，大白菜 100g，猪肉 10g
素炒绿豆芽	绿豆芽 75g
菠菜蛋汤	鸡蛋 10g，菠菜 20g

7. 星期日

早餐	
馒头	面粉 150g
炒米粉	大米粉 50g，鸡肉 20g，大葱 10g，小白菜 10g
豆奶	豆乳粉 25g，白糖 25g
咸鸭蛋一个	咸鸭蛋 60g
拌三丝	千张 30g，青椒 30g，胡萝卜 20g
炝酸辣包菜	包菜 50g
酱黄瓜	酱黄瓜 30g
榨菜	榨菜 20g
稀饭	大米 30g

午餐	
大米饭	大米 250g
红烧鱼块	草鱼 75g，白糖 10g
熘肝尖	猪肝 25g，黄瓜 75g
荤炒三丝	猪肉 25g，土豆 50g，青椒 25g
炒小白菜	小白菜 125g
三鲜汤	平菇 10g，海带 5g，豆腐 20g
晚餐	
大米饭	大米 250g
红烧鸡块	鸡肉 50g，白萝卜 40g，胡萝卜 25g
肉末三鲜	猪肉 25g，莴苣 50g，平菇 25g
黄瓜炒肉片	黄瓜 75g，猪肉 10g，蒜头 5g
炒菠菜	菠菜 125g
肉丝三鲜汤	猪肉 10g，小葱 5g，榨菜 5g，海带 10g

（二）食谱评价

1. 食物定量评价

指标	标准值	实际值	评价或达标率（%）
动物性食品（g）	280	281.43	101
黄豆（g）	80	74.64	93
蔬菜（g）	750	774.29	103
蔗糖（g）	30	41.43	138
海带（g）	15	10.00	67
豆乳粉（g）	25	25.00	100

2. 能量及营养素供给量评价

指标	标准值	实际值	评价或达标率（%）
热能（MJ）	12.6～14.6	17.3	充裕
（kcal）	3000～3500	4142.12	
蛋白质（g）	100	127.52	满足
优质蛋白质（%）	30～50	39.20	符合
蛋白质脂肪糖发热	13.5∶25∶60	12.3∶25.5∶62.2	符合

动物性来源脂肪（%）	<50	40.32	符合
钙（mg）	800	823.19	满足
铁（mg）	15	31.97	充裕
锌（mg）	15	18.49	满足
硒（μg）	50	74.45	满足
维生素 A（μg）	1000	1723.13	充裕
维生素 E（mg）	10	67.74	充裕
维生素 B_1（mg）	2	4.79	充裕
维生素 B_2（mg）	1.5	1.40	93
维生素 PP（mg）	20	24.69	满足
维生素 C（mg）	75	142.81	满足

二、夏季

南方夏季食谱见表 6-3。

表 6-3　南方夏季食谱

	星期一	星期二	星期三	星期四	星期五	星期六	星期日
早餐	馒头	馒头	馒头	馒头	馒头	馒头	馒头
	粽子	鲜肉小包	米粉	油香	蒸饼	欢喜坨	过桥米线
	豆奶	豆奶	豆奶	豆奶	豆奶	豆奶	豆奶
	咸鸡蛋一个	煮鸡蛋一个	咸鸭蛋一个	煮鸡蛋一个	皮蛋一个	煮鸡蛋一个	青椒炒鸡蛋
	炒瓜片	拌蒜泥黄瓜	拌酸辣黄瓜	拌蒜泥黄瓜	酸辣包菜	拌水萝卜	炝酸辣包菜
	炒苋菜	卤豆腐干	炝三丝	芹菜炒豆腐干	土豆榨菜丝	炒三丁	盐水萝卜
	酱黄瓜	酱黄瓜	蒜茄子	泡豆角	酱黄瓜	盐水花生米	油炸花生米
	酸豆角	什锦咸菜	什锦咸菜	什锦菜	酸豆角	什锦咸菜	酱菜瓜
	稀饭	稀饭	稀饭	稀饭	稀饭	稀饭	稀饭

续表

	星期一	星期二	星期三	星期四	星期五	星期六	星期日
午餐	大米饭	大米饭	大米饭	大米饭	大米饭	大米饭	大米饭
	清蒸鱼	鱼块炖豆腐	红烧鸡块	鱼块炖豆腐	鱼香肉丝	红烧牛肉	红烧鱼块
	青椒炒肉丝	荤炒三丝	瓜片炒肉	西葫芦炒肉片	滑炒肉片	豆芽炒肉片	木须肉
	炒小白菜	炒小白菜	炸油菜	炒小白菜	素炒豇豆	豆腐雪里蕻	荤炒三丝
	海带蛋汤	绿豆汤	绿豆汤	绿豆汤	绿豆汤	绿豆汤	绿豆汤
		海带汤	榨菜葱花汤		虾米海带汤		鱼头豆腐汤
晚餐	大米饭	大米饭	大米饭	大米饭	大米饭	大米饭	大米饭
	四季豆炖肉	排骨炖冬瓜	肉烧豆角	牛肉烧土豆	小白菜蛋汤	酱爆肉丁	排骨炖冬瓜
	荤炒三丁	包菜炒肉片	西红柿炒鸡蛋	豆腐干炒肉	宫保鸡丁	丝瓜炒肉片	炒鸡丁
	醋熘包菜	千张丝炒韭菜	炒苋菜	醋熘包菜	素炒绿豆芽	炒油菜	千张炒韭菜
	烧茄子	素炒瓠子	肉炒角瓜	油焖茄子	荤炒三丝	蒜汁蒸茄子	素炒三丝
	三鲜汤	西红柿蛋汤	三鲜汤	海带蛋汤	肉炒酸豆角	西红柿蛋汤	三鲜汤
备注	周末小改善安排在周五午餐，增加“红烧鱼块”和“葱爆猪肝”两个菜						

（一）食谱所用原料清单

1. 星期一

早餐

馒头	面粉 100g
粽子	糯米 100g，白糖 15g
豆奶	豆乳粉 25g，白糖 25g
咸鸡蛋一个	鸡蛋 50g
炒瓜片	西葫芦 50g，小葱 5g
炒苋菜	苋菜 50g
酱黄瓜	黄瓜 20g
酸豆角	酸豆角 30g
稀饭	大米 25g

午餐

大米饭	大米 250g
清蒸鱼	草鱼 75g
青椒炒肉丝	猪肉 25g，青椒 75g
肉末豆腐	猪肉 20g，豆腐 100g

炒小白菜	小白菜 125g
海带蛋汤	鸡蛋 10g，海带 10g
晚餐	
大米饭	大米 225g
四季豆炖肉	猪肉 40g，四季豆 75g
荤炒三丁	鸡肉 25g，黄瓜 50g，青豆 15g
醋熘包菜	包菜 125g，猪肉 10g
烧茄子	茄子 100g
三鲜汤	蘑菇 10g，豆腐 10g，猪肉 10g

2. 星期二

早餐	
馒头	面粉 150g
鲜肉小包	面粉 50g，包菜 50g，猪肉 10g，小葱 5g
豆奶	豆乳粉 25g，白糖 25g
煮鸡蛋一个	鸡蛋 50g
拌蒜泥黄瓜	黄瓜 50g，蒜头 5g
卤豆腐干	豆腐干 30g
酱黄瓜	黄瓜 25g
什锦咸菜	咸菜 20g
稀饭	大米 25g
午餐	
大米饭	大米 250g
鱼块炖豆腐	鲢鱼 50g，豆腐 75g
荤炒三丝	猪肉 25g，土豆 50g，青椒 50g
爆猪肝	猪肝 25g，大葱 75g
炒小白菜	小白菜 125g
绿豆汤	绿豆 5g，白糖 10g
海带汤	海带 10g，小葱 5g
晚餐	
大米饭	大米 225g
排骨炖冬瓜	猪排骨 50g，冬瓜 100g
包菜炒肉片	猪肉 25g，包菜 75g
千张丝炒韭菜	千张 25g，韭菜 50g，猪肉 10g

素炒瓠子	瓠子 100g
西红柿蛋汤	鸡蛋 10g，西红柿 20g

3. 星期三

早餐

馒头	面粉 150g
米粉	米粉 50g
豆奶	豆乳粉 25g，白糖 25g
咸鸭蛋一个	鸭蛋 60g
拌酸辣黄瓜	黄瓜 50g
炝三丝	青椒 25g，土豆 25g，榨菜 10g
蒜茄子	茄子 30g
什锦咸菜	咸菜 20g
稀饭	大米 25g

午餐

大米饭	大米 250g
红烧鸡块	鸡肉 75g，土豆 50g
瓜片炒肉	猪瘦肉 25g，黄瓜 75g
千张肉丝	猪肉 25g，千张 75g，韭菜 10g
炒油菜	油菜 125g，蒜头 5g
绿豆汤	绿豆 5g，白糖 10g
榨菜葱花汤	榨菜 5g，小葱 5g

晚餐

大米饭	大米 225g
肉烧豆角	猪肉 40g，四季豆 60g
西红柿炒鸡蛋	鸡蛋 25g，西红柿 75g
炒苋菜	苋菜 125g，蒜头 5g
肉炒角瓜	西葫芦 100g，猪肉 10g
三鲜汤	猪肉 10g，海带 10g，小白菜 20g

4. 星期四

早餐

馒头	面粉 100g
油香	面粉 100g，白糖 15g
豆奶	豆乳粉 25g，白糖 25g

煮鸡蛋一个	鸡蛋 50g
拌蒜泥黄瓜	黄瓜 30g，蒜头 5g
芹菜炒豆腐干	芹菜 25g，豆腐干 25g
泡豆角	酸豆角 30g
什锦菜	咸菜 20g
稀饭	大米 25g
午餐	
大米饭	大米 250g
鱼块炖豆腐	鲢鱼 50g，豆腐 50g
西葫芦炒肉片	猪肉 20g，西葫芦 75g
青椒肉丝	猪肉 20g，青椒 75g
炒小白菜	小白菜 125g
绿豆汤	绿豆 5g，白糖 10g
晚餐	
大米饭	大米 225g
牛肉烧土豆	牛肉 50g，土豆 70g，白糖 10g
豆腐干炒肉	猪肉 25g，豆腐干 25g，芹菜 50g
醋熘包菜	包菜 100g，猪肉 10g
油焖茄子	茄子 100g
海带蛋汤	鸡蛋 10g，海带 5g

5. 星期五

早餐	
馒头	面粉 100g
蒸饼	面粉 100g
豆奶	豆乳粉 25g，白糖 25g
皮蛋一个	皮蛋 60g
酸辣包菜	包菜 50g
土豆榨菜丝	土豆 50g，榨菜 10g
酱黄瓜	酱黄瓜 25g
酸豆角	酸豆角 30g
稀饭	大米 25g
午餐	
大米饭	大米 250g

鱼香肉丝	猪肉 40g，青椒 40g，豆腐干 20g
滑炒肉片	猪肉 20g，黄瓜 75g
炒油菜	油菜 125g
素炒豇豆	豇豆 100g
绿豆汤	绿豆 5g，白糖 10g
虾米海带汤	海带 10g，虾米 10g
加菜：	
红烧鱼块	草鱼 75g
葱爆猪肝	猪肝 20g，大葱 75g
晚餐	
大米饭	大米 225g
宫保鸡丁	鸡肉 50g，花生米 25g，黄瓜 25g
素炒绿豆芽	绿豆芽 75g
荤炒三丝	猪肉 20g，青椒 25g，土豆 25g
肉炒酸豆角	酸豆角 75g，猪肉 10g
小白菜蛋汤	鸡蛋 10g，小白菜 20g

6. 星期六

早餐	
馒头	面粉 150g
欢喜坨	糯米粉 50g，白糖 15g，芝麻 5g
豆奶	豆乳粉 25g，白糖 25g
煮鸡蛋一个	鸡蛋 50g
拌水萝卜	水萝卜 50g
炒三丁	青椒 30g，豆腐干 20g，酸豆角 10g
盐水花生米	花生米 25g
什锦咸菜	咸菜 20g
稀饭	大米 25g
午餐	
大米饭	大米 250g
红烧牛肉	牛肉 75g，冬瓜 50g
豆芽炒肉丝	鸡肉 25g，绿豆芽 75g
滑熘肉片	猪肉 25g，黄瓜 75g
豆腐雪里蕻	豆腐 50g。雪里蕻 50g

绿豆汤	绿豆5g，白糖10g
晚餐	
大米饭	大米225g
酱爆肉丁	猪肉40g，土豆50g，豆瓣酱20g
丝瓜炒肉片	猪肉15g，丝瓜75g
炒油菜	油菜125g
蒜汁蒸茄子	茄子100g，蒜头5g，猪肉10g
西红柿蛋汤	鸡蛋10g，西红柿20g

7. 星期日

早餐	
馒头	面粉150g
过桥米线	米粉50g，菠菜10g，猪肉10g
豆奶	豆乳粉25g，白糖25g
青椒炒鸡蛋	鸡蛋50g，青椒30g
炝酸辣包菜	包菜75g
盐水萝卜	萝卜50g，小葱5g
油炸花生米	花生米25g
酱菜瓜	酱菜瓜30g
稀饭	大米25g
午餐	
大米饭	大米250g
红烧鱼块	鲢鱼75g
木须肉	猪肉20g，黄花5g，黄瓜50g，木耳5g
荤炒三丝	猪肉20g，豆腐干35g，青椒40g
炒油菜	油菜125g
绿豆汤	绿豆5g，白糖10g
鱼头豆腐汤	鱼头25g，豆腐20g
晚餐	
大米饭	大米225g
排骨炖冬瓜	猪排骨50g，冬瓜75g
炒鸡丁	鸡肉25g，青椒50g，豆腐干25g
千张炒韭菜	千张25g，韭菜75g，猪肉10g
素炒三丝	土豆50g，青椒50g，红椒25g

三鲜汤　　　　　　　海带 10g，豆腐 10g，小白菜 20g

（二）食谱评价

1. 食物定量评价

指标	标准值	实际值	达标率（%）
动物性食品（g）	280	267.8	96
黄豆（g）	80	66.07	83
蔬菜（g）	750	779.29	104
蔗糖（g）	30	41.43	138
海带（g）	15	7.86	52
豆乳粉（g）	25	25.00	100

2. 能量及营养素供给量评价

指标	标准值	实际值	达标率（%）
热能（MJ）	12.6～14.6	16.7	充裕
（kcal）	3000～3500	4000.17	
蛋白质（g）	100	123.71	满足
优质蛋白质（%）	30～50	37.96	符合
蛋白质脂肪糖发热比	13.5∶25∶60	12.4∶25.1∶62.5	符合
动物性来源脂肪（%）	＜50	37.01	符合
钙（mg）	800	832.51	满足
铁（mg）	15	30.58	充裕
锌（mg）	15	17.11	满足
硒（μg）	50	68.89	满足
维生素 A（μg）	1000	1029.11	满足
维生素 E（mg）	10	68.15	充裕
维生素 B_1（mg）	2	1.57	79
维生素 B_2（mg）	1.5	1.32	88
维生素 PP（mg）	20	23.79	满足
维生素 C（mg）	75	163.69	充裕

三、秋季

南方秋季食谱见表6－4。

表6－4 南方秋季食谱

	星期一	星期二	星期三	星期四	星期五	星期六	星期日
早餐	馒头	馒头	馒头	馒头	馒头	馒头	馒头
	欢喜坨	金银糕	月饼	发糕	面包	鲜肉小包	热干面
	豆奶	豆奶	豆奶	豆奶	豆奶	豆奶	豆奶
	煮鸡蛋一个	咸鸭蛋一个	煮鸡蛋一个	松花蛋一个	煮鸡蛋一个	咸鸭蛋一个	煮鸡蛋一个
	酸辣豆角	炒三丝	拌三丝	炝三丝	炒瓜片	拌三丝	拌三丝
	酱爆三丁	油炸花生米	酸辣豆角	糖醋萝卜	芹菜炒腐干子	炒双片	炒莴苣
	什锦咸菜	酱瓜丁	什锦咸菜	酱黄瓜	酸辣白菜	酸豆角	蒜茄子
	糖蒜	酸甜泡菜	糖蒜	泡豇豆	盐水花生米	八宝菜	酱黄瓜
	红豆稀饭	稀饭	玉米粥	玉米羹	稀饭	小豆稀饭	稀饭
午餐	大米饭	大米饭	大米饭	大米饭	大米饭	大米饭	大米饭
	烧全鱼	排骨炖萝卜	鱼块炖豆腐	粉蒸排骨	肉片炖豆角	鱼块炖豆腐	烧汁全鱼
	黄瓜炒肉片	黄瓜熘肉片	黄瓜炒肉片	韭菜炒鸡蛋	酱爆肉丁	豆角烧肉片	炒三鲜
	荤炒三丝	西红柿炒蛋	青椒肉丝	熘豆腐丸子	炒菠菜	荤炒三丝	肉片炖黄瓜
	素炒菠菜	素炒小白菜	油焖四季豆	酸辣白菜	凉拌三鲜	油焖包菜	蒜泥菠菜
	西红柿蛋汤	三鲜汤	西红柿蛋汤	三鲜汤	西红柿蛋汤	三鲜汤	肉丝榨菜汤
晚餐	大米饭	大米饭	大米饭	大米饭	大米饭	大米饭	大米饭
	萝卜炖鸡块	牛肉炖土豆	牛肉炖土豆	溜猪肝	萝卜炖鸡块	牛肉炖土豆	土豆烧牛肉
	溜三样	豆腐烧肉片	烧三样	荤炒三丝	肉末豆腐	滑熘肉片	酸豆角炒肉丝
	醋熘包菜	拌蒜泥黄瓜	荤炒小白菜	炒菠菜	酸辣白菜	荤炒小白菜	豆腐干炒西芹
	凉拌西红柿	菠菜炒鸡蛋	凉拌西红柿	荤炒绿豆芽	凉拌西红柿	凉拌西红柿	炒小白菜
	海带肉丝汤	海带粉丝汤	海带榨菜汤	紫菜蛋汤	海带榨菜汤	鱼头豆腐汤	菠菜蛋汤
备注	周末小改善安排在周五午餐，增加“豆瓣烧鱼”和“土豆回锅肉”两个菜						

（一）食谱所用原料清单

1. 星期一

早餐

馒头　　　　　　　　面粉100g

欢喜坨	糯米粉 100g，白糖 20g，芝麻 5g
豆奶	豆乳粉 25g，白糖 25g
煮鸡蛋一个	鸡蛋 50g
酸辣豆角	尖辣椒 20g，长豆角 30g
酱爆三丁	土豆 30g，胡萝卜 20g，豆瓣酱 5g
什锦咸菜	咸菜 20g
糖蒜	蒜头 20g
红豆稀饭	大米 25g，红小豆 15g
午餐	
大米饭	大米 250g
烧全鱼	鲢鱼 75g
黄瓜炒肉片	猪肉 25g，黄瓜 75g
荤炒三丝	猪肉 20g，青椒 50g，千张 25g
素炒菠菜	菠菜 125g
西红柿蛋汤	鸡蛋 10g，西红柿 20g
晚餐	
大米饭	大米 225g
萝卜炖鸡块	鸡肉 50g，白萝卜 75g
溜三样	猪肉 20g，黄瓜 50g，豆腐干 25g
醋熘包菜	包菜 125g，猪肉 10g
凉拌西红柿	西红柿 100g，白糖 20g
海带肉丝汤	海带 5g，猪肉 5g，千张 10g

2. 星期二

早餐	
馒头	面粉 100g
金银糕	面粉 50g，玉米面 50g，白糖 5g
豆奶	豆乳粉 25g，白糖 25g
咸鸭蛋一个	鸭蛋 60g
油炸花生米	花生米 25g
酱瓜丁	酱黄瓜 30g
酸甜泡菜	大白菜 75g，白糖 10g
稀饭	大米 25g

午餐

大米饭	大米 250g
排骨炖萝卜	猪排骨 50g，白萝卜 50g，胡萝卜 50g
黄瓜熘肉片	猪肉 25g，黄瓜 50g
西红柿炒蛋	鸡蛋 15g，西红柿 50g
素炒小白菜	小白菜 125g
三鲜汤	鸡肉 10g，菠菜 20g，榨菜 5g

晚餐

大米饭	大米 225g
牛肉炖土豆	牛肉 50g，土豆 75g
豆腐烧肉片	猪肉 25g，豆腐 100g
拌蒜泥黄瓜	黄瓜 75g，蒜头 5g
菠菜炒鸡蛋	菠菜 100g，鸡蛋 10g
海带粉丝汤	海带 10g，粉丝 10g

3. 星期三

早餐

馒头	面粉 100g
月饼	面粉 50g，红小豆 10g，白糖 10g
豆奶	豆乳粉 25g，白糖 25g
煮鸡蛋一个	鸡蛋 50g
拌三丝	青椒 30g，胡萝卜 20g，千张 25g
酸辣豆角	长豆角 50g，尖椒 10g
什锦咸菜	咸菜 20g
糖蒜	蒜头 30g
玉米粥	玉米面 25g，白糖 5g

午餐

大米饭	大米 250g
鱼块炖豆腐	鲢鱼 50g，豆腐 75g
黄瓜炒肉片	猪肉 20g，黄瓜 75g
青椒肉丝	鸡肉 25g，青椒 75g
油焖四季豆	四季豆 75g
西红柿蛋汤	西红柿 20g，鸡蛋 10g

晚餐

大米饭	大米 225g
牛肉炖土豆	牛肉 50g，土豆 75g
烧三样	猪肉 20g，千张 35g，海带 30g
荤炒小白菜	小白菜 125g，猪肉 10g
凉拌西红柿	西红柿 50g，白糖 10g
海带榨菜汤	海带 10g，榨菜 5g

4. 星期四

早餐

馒头	面粉 150g
发糕	大米粉 75g
豆奶	豆乳粉 25g，白糖 25g
松花蛋一个	鸭蛋 60g
炝三丝	青椒 30g，红椒 20g，千张 25g
糖醋萝卜	白萝卜 50g，小葱 5g，白糖 5g
酱黄瓜	酱黄瓜 30g
泡豇豆	豇豆 30g，干红椒 1g
玉米羹	玉米糁 25g，鸡蛋 10g，白糖 10g

午餐

大米饭	大米 250g
粉蒸排骨	猪排骨 75g，白萝卜 50g，蒸肉粉 10g
韭菜炒鸡蛋	鸡蛋 25g，韭菜 75g
熘豆腐丸子	猪肉 20g，豆腐 75g
酸辣白菜	大白菜 125g，干辣椒 5g
三鲜汤	鸡肉 10g，菠菜 20g，榨菜 5g

晚餐

大米饭	大米 225g
溜猪肝	猪肝 40g，大葱 60g
荤炒三丝	鸡肉 25g，青椒 50g，豆腐干 25g
炒菠菜	菠菜 125g
荤炒绿豆芽	绿豆芽 75g，小葱 10g，猪肉 10g
紫菜蛋汤	鸡蛋 10g，紫菜 5g

5. 星期五

早餐

馒头	面粉 100g
面包	面粉 100g，白糖 5g，鸡蛋 5g
豆奶	豆乳粉 25g，白糖 25g
煮鸡蛋一个	鸡蛋 50g
炒瓜片	黄瓜 50g，榨菜 10g
芹菜炒豆腐干	芹菜 30g，豆腐干 20g
酸辣白菜	大白菜 50g，干辣椒 1g
盐水花生米	花生米 25g
稀饭	大米 25g

午餐

大米饭	大米 250g
肉片炖豆角	猪肉 40g，豆角 75g
酱爆肉丁	猪肉 25g，土豆 50g，豆瓣酱 20g
炒菠菜	菠菜 125g
凉拌三鲜	土豆 50g，芹菜 25g，千张 10g
西红柿蛋汤	鸡蛋 10g，西红柿 20g

加菜：

豆瓣烧鱼	鲢鱼 100g，豆瓣酱 5g
土豆回锅肉	牛肉 25g，土豆 50g，红椒 20g

晚餐

大米饭	大米 225g
萝卜炖鸡块	鸡肉 40g，白萝卜 30g，胡萝卜 30g
肉末豆腐	猪肉 20g，豆腐 75g
酸辣白菜	大白菜 100g，猪肉 10g
凉拌西红柿	西红柿 75g，白糖 10g
海带榨菜汤	海带 10g，榨菜 5g

6. 星期六

早餐

馒头	面粉 100g
鲜肉小包	面粉 100g，大白菜 100g，猪肉 20g
豆奶	豆乳粉 25g，白糖 25g

咸鸭蛋一个	鸭蛋 60g
拌三丝	青椒 25g，红椒 15g，千张 25g
炒双片	大白菜 30g，海带 20g
酸豆角	泡酸豆角 30g，干辣椒 5g
八宝菜	八宝咸菜 20g
小豆稀饭	红小豆 15g，大米 25g
午餐	
大米饭	大米 250g
鱼块炖豆腐	鲢鱼 50g，豆腐 50g
豆角烧肉片	猪肉 25g，豆角 75g
荤炒三丝	鸡肉 25g，青椒 50g，千张 25g
油焖包菜	包菜 100g
三鲜汤	海带 10g，蘑菇 20g，榨菜 5g
晚餐	
大米饭	大米 225g
牛肉炖土豆	牛肉 40g，土豆 75g
滑熘肉片	猪肉 15g，黄瓜 75g
荤炒小白菜	小白菜 100g，猪肉 10g
凉拌西红柿	西红柿 75g，白糖 10g
鱼头豆腐汤	鱼头 25g，豆腐 20g

7. 星期日

早餐	
馒头	面粉 150g
热干面	面条 50g，芝麻酱 10g
豆奶	豆乳粉 25g，白糖 25g
煮鸡蛋一个	鸡蛋 50g
拌三丝	青椒 25g，胡萝卜 25g，千张 25g
炒莴苣片	莴苣 50g
蒜茄子	茄子 30g，蒜头 5g
酱黄瓜	酱黄瓜 20g
稀饭	小米 25g
午餐	
大米饭	大米 250g

浇汁全鱼	鲢鱼 75g，豆瓣酱 10g
炒三鲜	猪肉 25g，黄瓜 50g，蘑菇 25g
肉片炖豆腐	猪肉 20g，豆腐 100g
蒜泥菠菜	菠菜 125g，蒜头 5g
肉丝榨菜汤	猪肉 10g，海带 10g，榨菜 5g
晚餐	
大米饭	大米 225g
土豆烧牛肉	牛肉 50g，土豆 50g
酸豆角炒肉丝	猪肉 20g，泡豆角 75g
豆腐干炒西芹	豆腐干 30g，西芹 50g，猪肉 20g
炒小白菜	小白菜 125g
菠菜蛋汤	鸡蛋 10g，菠菜 20g

（二）食谱评价

1. 食物定量评价

指标	标准值	实际值	达标率（%）
动物性食品（g）	280	267.14	95
黄豆（g）	80	78.93	99
蔬菜（g）	750	746.00	99
蔗糖（g）	30	42.14	140
海带（g）	15	15.00	100
豆乳粉（g）	25	25.00	100

2. 能量及营养素供给量评价

指标	标准值	实际值	评价或达标率（%）
热能（MJ）	12.6～14.6	17.2	充裕
（kcal）	3000～3500	4090.96	
蛋白质（g）	100	127.84	满足
优质蛋白质（%）	30～50	38.41	符合
蛋白质脂肪糖发热比	13.5∶25∶60	12.5∶26.4∶61.1	符合
动物性来源脂肪（%）	<50	34.51	符合

钙（mg）	800	1007.96	满足
铁（mg）	15	33.14	充裕
锌（mg）	15	18.94	满足
硒（μg）	50	69.35	满足
维生素 A（μg）	1000	1434.18	满足
维生素 E（mg）	10	77.14	充裕
维生素 B_1（mg）	2	5.61	充裕
维生素 B_2（mg）	1.5	1.39	93
维生素 PP（mg）	20	24.47	满足
维生素 C（mg）	75	149.90	充裕

四、冬季

南方冬季食谱见表 6—5。

表 6—5　南方冬季食谱

	星期一	星期二	星期三	星期四	星期五	星期六	星期日
早餐	馒头	馒头	馒头	馒头	馒头	馒头	馒头
	油条	鲜肉小包	金银糕	汤粉	蛋糕	发糕	杂酱米粉
	豆奶	豆奶	豆奶	豆奶	豆奶	豆奶	豆奶
	煮鸡蛋一个	咸鸡蛋一个	葱爆鸡蛋	煮鸡蛋一个	咸鸭蛋一个	煮鸡蛋一个	煮鸡蛋一个
	炝酸辣白菜	葱爆酸菜	麻辣包菜	爆三丁	葱油萝卜丝	炝双片	炒三丝
	酱爆三丁	辣萝卜丁	炝土豆片	八宝咸菜	酸菜大白菜	蒜苗炒豆腐干	酱爆双丁
	酱菜瓜	芹菜炒豆腐干	五香萝卜丁	酱萝卜条	酱菜瓜	五香萝卜丝	泡菜
	五香萝卜干	酱黄瓜	腌黄瓜	芹菜拌花生	什锦咸菜	泡尖椒炝萝卜丁	榨菜丝
	稀饭	黑米粥	稀饭	稀饭	玉米糊	小豆稀饭	稀饭
午餐	大米饭	大米饭	大米饭	大米饭	大米饭	大米饭	大米饭
	羊肉炖萝卜	红烧鸡块	牛肉炖土豆	排骨炖萝卜	牛肉炖土豆	红烧鱼块	海带烧肉片
	酸菜炒肉片	葱爆猪肝	豆芽炒肉丝	黄瓜熘肉片	酱爆三丁	白菜熘肉片	牛肉炖土豆
	肉末豆腐	肉末豆腐	千张炒肉丝	荤炒三丝	辣子炝包菜	蒜泥菠菜	荤炒三丝
	炒小白菜	醋熘白菜	素炒菠菜	辣子白菜	酸菜炖粉条	家常豆腐	酸辣包菜
	三丝汤	酸辣汤	西红柿蛋汤	海带豆芽汤	红白豆腐汤	肉丝豆芽汤	三鲜汤

续表

	星期一	星期二	星期三	星期四	星期五	星期六	星期日
晚餐	大米饭	大米饭	大米饭	大米饭	大米饭	大米饭	大米饭
	土豆炖肉	红烧鱼块	黄焖元子	鱼块炖豆腐	葱爆猪肝	排骨炖萝卜	红烧肉
	荤炒三丝	萝卜炖肉片	白菜炖肉片	蒜苗回锅肉	肉片炖豆腐	荤炒三丝	豆芽烧肉丝
	酸辣包菜	海带炖白菜	素炒三丝	白肉炖粉条	青炒菠菜	素炒三样	酱爆四丁
	蒜汁菠菜	素炒三丝	蒜苗炒豆腐干	蒜泥菠菜	醋熘白菜	酸辣白菜	清炒小白菜
	平菇豆腐汤	肉丝榨菜汤	豆芽肉丝汤	紫菜肉丝汤	榨菜肉丝汤	鱼头豆腐汤	海带骨头汤
备注	周末小改善安排在周五午餐，增加“烧三鲜”和“清炖鸡”两个菜						

（一）食谱所用原料清单

1. 星期一

早餐

馒头	面粉 100g
油条	面粉 100g
豆奶	豆乳粉 25g，白糖 25g
煮鸡蛋一个	鸡蛋 50g
炝酸辣白菜	大白菜 50g，干辣椒 1g
酱爆三丁	酱黄瓜 20g，土豆 25g，青椒 20g
酱菜瓜	酱菜瓜 30g
五香萝卜干	萝卜 30g
稀饭	大米 25g

午餐

大米饭	大米 250g
羊肉炖萝卜	羊肉 75g，白萝卜 50g，胡萝卜 25g
酸菜炒肉片	猪肉 25g，酸大白菜 75g
肉末豆腐	猪肉 20g，豆腐 100g
炒小白菜	小白菜 125g
三丝汤	鸡肉 10g，土豆 20g，榨菜 5g

晚餐

大米饭	大米 250g
土豆炖肉	猪肉 50g，土豆 75g
荤炒三丝	猪肉 15g，青椒 25g，胡萝卜 50g

酸辣包菜	包菜 125g，干辣椒 1g，猪肉 10g
蒜汁菠菜	菠菜 100g，蒜头 5g
平菇豆腐汤	蘑菇 20g，豆腐 20g

2. 星期二

早餐

馒头	面粉 100g
鲜肉小包	面粉 100g，大白菜 100g，猪肉 20g
豆奶	豆乳粉 25g，白糖 25g
咸鸡蛋一个	鸡蛋 50g
葱爆酸菜	酸大白菜 50g，大葱 10g
辣萝卜丁	白萝卜 30g
芹菜炒豆腐	芹菜 50g，豆腐干 25g
酱黄瓜	酱黄瓜 30g
黑米粥	黑米 25g，白糖 10g

午餐

大米饭	大米 250g
红烧鸡块	鸡肉 50g，土豆 50g
葱爆猪肝	猪肝 25g，大葱 75g
肉末豆腐	猪肉 25g，豆腐 100g
醋熘白菜	大白菜 125g
酸辣汤	酸大白菜 20g，豆腐 20g，干辣椒 1g

晚餐

大米饭	大米 250g
红烧鱼块	鲢鱼 75g
萝卜炖肉片	猪肉 20g，白萝卜 50g，胡萝卜 25g
海带炖白菜	大白菜 75g，海带 25g，猪肉 10g
素炒三丝	土豆 50g，芹菜 35g，红辣椒 15g
肉丝榨菜汤	猪肉 5g，榨菜 10g，小白菜 20g

3. 星期三

早餐

馒头	面粉 100g
金银糕	大米粉 50g，玉米粉 50g
豆奶	豆乳粉 25g，白糖 25g

葱爆鸡蛋	鸡蛋 50g，大葱 25g
麻辣包菜	包菜 50g
炝土豆片	土豆 30g，胡萝卜 20g，榨菜 10g
五香萝卜丁	红萝卜 30g
腌黄瓜	黄瓜 30g
稀饭	大米 25g
午餐	
大米饭	大米 250g
牛肉炖土豆	牛肉 50g，土豆 50g，胡萝卜 25g
豆芽炒肉丝	鸡肉 25g，绿豆芽 75g
千张烧肉丝	猪肉 25g，千张 30g，海带 20g
素炒菠菜	菠菜 125g
西红柿蛋汤	鸡蛋 10g，西红柿 20g
晚餐	
大米饭	大米 225g
黄焖元子	猪肉 75g，豆腐 50g
白菜炖肉片	猪肉 15g，大白菜 100g
素炒三丝	土豆 50g，芹菜 30g，胡萝卜 20g
蒜苗炒豆腐干	蒜苗 50g，豆腐干 25g，猪肉 10g
豆芽肉丝汤	鸡肉 10g，黄豆芽 20g，榨菜 5g

4. 星期四

早餐	
馒头	面粉 150g
汤粉	米粉 50g，小葱 5g
豆奶	豆乳粉 25g，白糖 25g
煮鸡蛋一个	鸡蛋 50g
爆三丁	黄豆 20g，白萝卜 25g，大葱 25g
八宝咸菜	咸菜 30g
酱萝卜条	萝卜 30g
芹菜拌花生	芹菜 50g，花生米 10g
稀饭	大米 25g
午餐	
大米饭	大米 250g

排骨炖萝卜	猪排骨 75g，白萝卜 50g，胡萝卜 25g，白糖 5g
黄瓜熘肉片	猪肉 25g，黄瓜 75g
荤炒三丝	鸡肉 25g，芹菜 50g，豆腐干 25g
辣子白菜	大白菜 125g，干辣椒 1g
海带豆芽汤	黄豆芽 20g，海带 5g，榨菜 5g
晚餐	
大米饭	大米 250g
鱼块炖豆腐	鲢鱼 50g，豆腐 75g
蒜苗回锅肉	猪肉 20g，蒜苗 75g
白肉炖粉条	大白菜 75g，猪肉 10g，粉条 25g
蒜泥菠菜	菠菜 125g，蒜头 3g
紫菜肉丝汤	猪肉 5g，紫菜 5g

5. 星期五

早餐	
馒头	面粉 100g
蛋糕	面粉 100g，鸡蛋 10g，白糖 5g
豆奶	豆乳粉 25g，白糖 20g
咸鸭蛋一个	鸭蛋 60g
葱油萝卜丝	白萝卜 50g，大葱 10g
酸辣大白菜	大白菜 50g，干辣椒 1g
酱菜瓜	酱菜瓜 30g
什锦咸菜	咸菜 20g
玉米糊	玉米面 25g
午餐	
大米饭	大米 250g
牛肉炖土豆	牛肉 50g，土豆 75g
酱爆肉丁	猪肉 25g，豆瓣酱 10g，胡萝卜 50g，白萝卜 20g
辣子炝包菜	包菜 125g，干辣椒 2g
酸菜炖粉条	酸大白菜 75g，粉条 25g
红白豆腐汤	猪血 20g，豆腐 20g
加菜：	
清炖鸡	鸡肉 100g，香菇 10g
烧三鲜	猪肉 25g，大白菜 50g，平菇 25g

晚餐

大米饭	大米 225g
葱爆猪肚	猪肚 25g，葱头 75g
肉片炖豆腐	猪肉 20g，豆腐 75g
醋熘白菜	大白菜 75g，猪肉 10g，干辣椒 1g
姜汁菠菜	菠菜 75g
榨菜肉丝汤	猪肉 5g，小白菜 20g，榨菜 5g

6. 星期六

早餐

馒头	面粉 100g
发糕	大米粉 100g，白糖 20g
豆奶	豆乳粉 25g，白糖 25g
煮鸡蛋一个	鸡蛋 50g
炝双片	土豆 50g，榨菜 10g
蒜苗炒豆腐干	蒜苗 50g，豆腐干 25g
五香萝卜丝	胡萝卜 30g
泡尖椒炝萝卜丁	泡尖椒 10g，泡萝卜 20g
小豆稀饭	大米 15g，红小豆 10g

午餐

大米饭	大米 250g
红烧鱼块	鲢鱼 75g
白菜熘肉片	猪肉 20g，大白菜 100g
蒜泥菠菜	菠菜 125g，蒜头 3g
家常豆腐	豆腐 75g，猪肉 10g，香菇 5g
肉丝豆芽汤	猪肉 5g，黄豆芽 20g

晚餐

大米饭	大米 250g
排骨炖萝卜	猪排骨 50g，白萝卜 50g，胡萝卜 25g
荤炒三丝	猪肉 20g，土豆 50g，青椒 25g
素炒三样	大白菜 75g，胡萝卜 25g，海带 10g
酸辣白菜	大白菜 125g，猪肉 5g，干辣椒 5g
鱼头豆腐汤	鱼头 25g，豆腐 20g

7. 星期日

早餐

馒头	面粉 150g
杂酱米粉	米粉 50g，肉 10g，豆腐干 10g，杂酱 5g
豆奶	豆乳粉 25g，白糖 25g
煮鸡蛋一个	鸡蛋 50g
炒三丝	青椒 30g，胡萝卜 20g，千张 10g
酱爆双丁	豆瓣酱 10g，豆腐干 30g，黄瓜 40g
泡菜	泡包菜 20g，泡尖椒 10g
榨菜丝	榨菜 20g
稀饭	大米 25g

午餐

大米饭	大米 250g
海带烧肉片	海带 30g，猪肉 30g
牛肉炖土豆	牛肉 50g，土豆 75g
荤炒三丝	猪肉 20g，芹菜 50g，胡萝卜 20g
酸辣包菜	包菜 100g，干辣椒 5g
三鲜汤	蘑菇 10g，菠菜 20g，榨菜 5g

晚餐

大米饭	大米 250g
红烧肉	猪肉 50g，土豆 75g
豆芽炒肉丝	猪肉 20g，绿豆芽 75g
酱爆四丁	白萝卜 40g，胡萝卜 40g，芹菜 20g，猪肉 10g
清炒小白菜	小白菜 80g
海带骨头汤	猪杂骨 25g，海带 5g

（二）食谱评价

1. 食物定量评价

指标	标准值	实际值	达标率（%）
动物性食品（g）	280	273.57	98
黄豆（g）	80	68.21	85
蔬菜（g）	750	801.14	107
蔗糖（g）	30	30.00	100

海带（g）	15	13.57	90
豆乳粉（g）	25	25.00	100

2. 能量及营养素供给量评价

指标	标准值	实际值	评价或达标率（%）
热能（MJ）	12.6～14.6	17.1	充裕
（kcal）	3000～3500	4105.97	
蛋白质（g）	100	123.79	满足
优质蛋白质（%）	30～50	38.39	符合
蛋白质脂肪糖发热比	13.5∶25∶60	12.1∶25.3∶62.7	符合
动物性来源脂肪（%）	<50	42.58	符合
钙（mg）	800	843.26	满足
铁（mg）	15	30.96	充裕
锌（mg）	15	18.75	满足
硒（μg）	50	72.61	满足
维生素 A（μg）	1000	1352.08	满足
维生素 E（mg）	10	65.11	充裕
维生素 B_1（mg）	2	5.06	充裕
维生素 B_2（mg）	1.5	1.34	89
维生素 PP（mg）	20	23.94	满足
维生素 C（mg）	75	160.66	充裕

第二节　北方食谱举例

一、春季

北方春季食谱见表 6－6。

表 6－6　北方春季食谱

	星期一	星期二	星期三	星期四	星期五	星期六	星期日
早餐	馒头	馒头	馒头	馒头	馒头	馒头	馒头
	油条	花卷	天津小包	蛋糕	蒸糕	鲜肉小包	面包
	豆奶	豆奶	豆奶	豆奶	豆奶	豆奶	豆奶
	咸鸭蛋一个	煮鸡蛋一个	葱爆鸡蛋	咸鸡蛋一个	煮鸡蛋一个	煮鸡蛋一个	咸鸭蛋一个
	凉拌三丝	炝酸辣白菜	拌三丝	拌蒜泥黄瓜	炒三丝	拌蒜泥黄瓜	拌三丝
	酸辣白菜	卤豆腐干	蒜茄子	芹菜炒豆腐干	炝酸辣包菜	豆腐干炒雪里蕻	炝酸辣包菜
	油炸花生米	豆腐乳	土豆炝榨菜丝	泡包菜	蒜茄子	豆腐乳	酱黄瓜
	豆腐乳	什锦咸菜	大头菜	什锦咸菜	咸菜	什锦咸菜	榨菜
	稀饭	小米稀饭	玉米羹	小米稀饭	稀饭	小豆稀饭	稀饭
午餐	大米饭	大米饭	大米饭	大米饭	馒头	大米饭	大米饭
	烧鱼块	炒菠菜	宫保鸡丁	红烧带鱼	荤炒三丁	土豆烧牛肉	红烧鱼块
	荤炒三丝	土豆烧牛肉	肉片炒白菜	豆腐炖肉片	酸菜炖肉片	蒜苗炒肉片	荤炒三丝
	萝卜烧牛肉	花菜炒肉片	土豆烧牛肉	酱爆鸡丁	鱼香肉丝	豆腐烧肉片	熘肝尖
	素炒菠菜	荤炒三丁	炒绿豆芽	姜汁菠菜	素炒黄豆芽	醋熘白菜	酸辣白菜
	三鲜汤	三丝汤	菠菜蛋汤	西红柿蛋汤	三鲜汤	三丝汤	三鲜汤
晚餐	馒头	金银糕	肉末花卷	糖包	大米饭	馒头	馒头
	白菜烧肉片	葱头爆猪肝	鱼块炖豆腐	牛肉炖萝卜	牛肉烧土豆	萝卜烧鸡块	萝卜炖鸡
	土豆烧牛肉	红烧肉	土豆片炒肉	肉片炒包菜	肉片炒白菜	葱爆肉片	肉末三鲜
	葱烧豆腐	糖醋白菜	荤什锦	荤炒三丝	炒三鲜	肉炒绿豆芽	酸菜炖豆腐
	酸菜烧粉条	荤炒四样	油焖白菜	醋熘白菜	糖醋白菜	八宝菜	蒜泥菠菜
	海带豆腐汤	肉末菠菜汤	三鲜汤	豆芽肉丝汤	肉丝面条汤	菠菜蛋汤	西红柿蛋汤
备注	周末小改善安排在周五午餐，增加“浇汁全鱼”和“麻婆豆腐”两个菜						

（一）食谱所用原料清单

1. 星期一

早餐

馒头	面粉 100g
油条	面粉 100g
豆奶	豆乳粉 25g，白糖 25g
咸鸭蛋一个	鸭蛋 60g
凉拌三丝	芹菜 30g，胡萝卜 20g，粉丝 15g
酸辣白菜	大白菜 75g
油炸花生米	花生米 25g
豆腐乳	腐乳 15g
稀饭	大米 25g

午餐

大米饭	大米 250g
烧鱼块	鲢鱼 75g
荤炒三丝	千张 25g，青椒 50g，猪肉 20g
萝卜烧牛肉	白萝卜 40g，胡萝卜 20g，牛肉 30g
素炒菠菜	菠菜 100g
三鲜汤	鸡蛋 10g，酸菜 20g，榨菜 5g

晚餐

馒头	面粉 200g
白菜烧肉片	大白菜 100g，猪肉 20g
土豆红烧肉	猪肉 50g，土豆 75g，白糖 10g
葱烧豆腐	大葱 50g，豆腐 75g，猪肉 10g
酸菜炖粉条	酸菜 100g，粉条 25g
海带豆腐汤	海带 10g，豆腐 20g

2. 星期二

早餐

馒头	面粉 150g
花卷	面粉 50g，大葱 5g
豆奶	豆乳粉 25g，白糖 25g
煮鸡蛋一个	鸡蛋 50g
炝酸辣白菜	泡白菜 50g，大葱 10g

卤豆腐干　　豆腐干 30g
豆腐乳　　腐乳 15g
什锦咸菜　　咸菜 15g
小米稀饭　　小米 25g
午餐
大米饭　　大米 250g
土豆烧牛肉　　牛肉 50g，土豆 75g
花菜炒肉片　　猪肉 25g，花菜 75g
荤炒三丁　　鸡肉 30g，胡萝卜 40g，豆腐干 30g
炒菠菜　　菠菜 125g
三丝汤　　猪肉 5g，海带 10g，千张 10g
晚餐
金银糕　　面粉 100g，玉米面 100g
红烧肉　　猪肉 50g，萝卜 75g
葱头爆猪肝　　猪肝 30g，葱头 75g
荤炒四样　　土豆 50g，青椒 40g，榨菜 10g，猪肉 10g
糖醋白菜　　大白菜 125g，白糖 10g
肉末菠菜汤　　猪肉 5g，菠菜 20g

3. 星期三

早餐
馒头　　面粉 150g
天津小包　　面粉 50g，猪肉 10g，大白菜 50g
豆奶　　豆乳粉 25g，白糖 25g
葱爆鸡蛋　　鸡蛋 50g，大葱 50g
拌三丝　　芹菜 50g，胡萝卜 25g，粉丝 10g
蒜茄子　　茄子 30g，蒜头 5g
土豆炝榨菜　　土豆 30g，榨菜 20g
大头菜　　大头菜 30g
玉米羹　　玉米糁 25g，鸡蛋 10g，白糖 10g
午餐
大米饭　　大米 250g
宫保鸡丁　　鸡肉 40g，花生米 30g
肉片炒白菜　　猪肉 30g，大白菜 75g

土豆炒肉丝	猪肉 25g，土豆 75g
炒绿豆芽	绿豆芽 100
菠菜蛋汤	鸡蛋 10g，菠菜 20g
晚餐	
肉末花卷	面粉 200g，猪肉 20g，葱 10g
鱼块炖豆腐	鲢鱼 50g，豆腐 75g
土豆片炒肉	猪肉 25g，土豆 75g
荤什锦	豆腐干 30g，青豆 30g，胡萝卜 40g，猪肉 10g
油焖白菜	大白菜 100g
三鲜汤	猪肉 10g，海带 10g，豆腐 10g

4. 星期四

早餐	
馒头	面粉 150g
蛋糕	面粉 50g，鸡蛋 10g，白糖 10g
豆奶	豆乳粉 25g，白糖 25g
咸鸡蛋一个	鸡蛋 50g
拌蒜泥黄瓜	黄瓜 50g，蒜头 5g
芹菜炒豆腐干	芹菜 50g，豆腐于 25g
泡包菜	泡包菜 30g
什锦咸菜	咸菜 20g
小米稀饭	小米 25g
午餐	
大米饭	大米 250g
红烧带鱼	带鱼 75g
豆腐炖肉片	猪肉 25g，豆腐 100g
酱爆鸡丁	鸡肉 25g，黄豆 20g，胡萝卜 25g，豆瓣酱 10g
姜汁菠菜	菠菜 125g
西红柿蛋汤	鸡蛋 10g，西红柿 20g
晚餐	
糖包	面粉 200g，白糖 20g
牛肉炖萝	牛肉 50g，白萝卜 50g，胡萝卜 50g
肉片炒包菜	猪肉 20g，包菜 75g
醋熘白菜	大白菜 125g

荤炒三丝	千张 30g，青椒 25g，胡萝卜 50g，猪肉 10g
豆芽肉丝汤	猪肉 5g，黄豆芽 20g

5. 星期五

早餐

馒头	面粉 150g
蒸糕	大米 50g，白糖 10g
豆奶	豆乳粉 25g，白糖 25g
煮鸡蛋一个	鸡蛋 50g
炒三丝	胡萝卜 40g，小葱 5g，榨菜 5g
炝酸辣包菜	包菜 75g
蒜茄子	茄子 30g，蒜头 5g
咸菜	咸菜 15g
稀饭	大米 25g

午餐

馒头	面粉 250g
酸菜炖肉片	猪肉 40g，腌白菜 80g
鱼香肉丝	猪肉 25g，黄瓜 30g，胡萝卜 30g
荤炒三丁	鸡肉 30g，蒜苗 30g，豆腐干 30g
素炒黄豆芽	黄豆芽 75g
三鲜汤	猪肉 10g，榨菜 5g，豆腐 10g

加菜：

浇汁全鱼	鲢鱼 75g
麻婆豆腐	豆腐 100g

晚餐

大米饭	大米 200g
土豆烧牛肉	牛肉 40g，土豆 70g
肉片炒白菜	猪肉 25g，大白菜 100g
炒三鲜	猪肉 25g，海带 20g，土豆 50g
糖醋白菜	大白菜 100g，白糖 5g
肉丝面条汤	猪肉 10g，面粉 50g，小葱 10g

6. 星期六

早餐

馒头	面粉 150g

鲜肉小包	面粉 50g，大白菜 50g，猪肉 10g
豆奶	豆乳粉 25g，白糖 25g
煮鸡蛋一个	鸡蛋 50g
拌蒜泥黄瓜	黄瓜 50g，蒜头 5g
豆腐干炒雪里蕻	雪里蕻咸菜 25g，豆腐干 25g
豆腐乳	腐乳 15g
什锦咸菜	咸菜 20g
小豆稀饭	红小豆 10g，大米 15g
午餐	
大米饭	大米 250g
土豆烧牛肉	牛肉 50g，土豆 75g，白糖 10g
蒜苗炒肉丝	猪肉 25g，蒜苗 75g
豆腐烧肉片	豆腐 50g，猪肉 10g
醋熘白菜	大白菜 100g
三丝汤	猪肉 10g，绿豆芽 20g，榨菜 5g
晚餐	
馒头	面粉 250g
萝卜烧鸡块	鸡肉 50g，白萝卜 50g，胡萝卜 20g
葱爆肉片	猪肉 25g，大葱 50g
肉炒绿豆芽	绿豆芽 100g，猪肉 10g
八宝菜	八宝菜 30g
菠菜蛋汤	鸡蛋 10g，菠菜 50g

7. 星期日

早餐	
馒头	面粉 150g
面包	面粉 50g，鸡蛋 10g，白糖 10g
豆奶	豆乳粉 25g，白糖 25g
咸鸭蛋一个	鸭蛋 60g
拌三丝	千张 30g，青椒 30g，胡萝卜 20g
炝酸辣包菜	包菜 50g
酱黄瓜	酱黄瓜 30g
榨菜	榨菜 30g
稀饭	大米 25g

午餐	
大米饭	大米 250g
红烧鱼块	鲢鱼 75g
荤炒三丝	猪肉 25g，土豆 50g，青椒 25g
熘肝尖	猪肝 25g，黄瓜 75g
酸辣白菜	大白菜 125g
三鲜汤	平菇 10g，海带 10g，豆腐 10g
晚餐	
馒头	面粉 200g
萝卜炖鸡	鸡肉 50g，白萝卜 50g，胡萝卜 20g
肉末三鲜	猪肉 15g，花菜 50g，平菇 25g
酸菜炖豆腐	酸菜 75g，豆腐 50g，猪肉 10g
蒜泥菠菜	菠菜 125g，蒜头 5g
西红柿蛋汤	鸡蛋 10g，西红柿 20g

（二）食谱评价

1. 食物定量评价

指标	标准值	实际值	达标率（%）
动物性食品（g）	280	274.29	98
黄豆（g）	80	82.86	104
蔬菜（g）	750	756.43	101
蔗糖（g）	30	37.14	124
海带（g）	15	8.57	57
豆乳粉（g）	25	22.14	89

2. 能量及营养素供给量评价

指标	标准值	实际值	达标率（%）
热能（MJ）	12.6～14.6	16.4	充裕
（kcal）	3000～3500	3922.32	
蛋白质（g）	100	128.77	满足
优质蛋白质（%）	30～50	39.32	符合
蛋白质脂肪糖发热比	13.5∶25∶60	13.1∶27.1∶59.7	符合
动物性来源脂肪（%）	<50	40.17	符合

钙（mg）	800	874.21	满足
铁（mg）	15	35.47	充裕
锌（mg）	15	17.47	满足
硒（μg）	50	79.99	充裕
维生素 A（μg）	1000	1497.64	充裕
维生素 E（mg）	10	66.82	充裕
维生素 B_1（mg）	2	5.11	充裕
维生素 B_2（mg）	1.5	1.36	91
维生素 PP（mg）	20	25.42	满足
维生素 C（mg）	75	149.31	充裕

二、夏季

北方夏季食谱见表 6−7。

表 6−7　北方夏季食谱

	星期一	星期二	星期三	星期四	星期五	星期六	星期日
早餐	馒头	馒头	馒头	馒头	馒头	馒头	馒头
	煎软饼	油条	面包	蒸饺	蒸饼	鲜肉小包	炒米粉
	豆奶	豆奶	豆奶	豆奶	豆奶	豆奶	豆奶
	煮鸡蛋一个	咸鸡蛋一个	松花蛋一个	咸鸡蛋一个	煮鸡蛋一个	煮鸡蛋一个	咸鸡蛋一个
	炒瓜片	拌酸辣黄瓜	拌蒜泥黄瓜	拌黄瓜	酸辣包菜	青椒炒豆腐干	炝酸包菜
	炝三丝	炝三丝	酱爆三丁	芹菜炒豆腐干	炒酸豆角	香辣萝卜	蒜茄子
	酱黄瓜	蒜茄子	酱菜瓜	蒜茄子	酱黄瓜	盐水花生米	盐水萝卜
	咸辣萝卜	八宝菜	什锦菜	炝酸豆角	什锦菜	糖醋蒜	油炸花生米
	小米稀饭	稀饭	玉米羹	小豆稀饭	小米稀饭	玉米羹	稀饭

续表

	星期一	星期二	星期三	星期四	星期五	星期六	星期日
午餐	大米饭	大米饭	大米饭	大米饭	大米饭	大米饭	大米饭
	清蒸鱼	红烧鸡块	鱼块炖豆腐	红烧带鱼	鱼香肉丝	红烧牛肉	红烧鱼块
	青椒炒土豆片	千张肉丝	荤炒三丝	青椒炒肉丝	滑炒肉片	豆芽炒肉丝	木须肉
	黄瓜爆猪肝	豆角炒肉片	葱头爆猪肝	笋瓜炒肉片	素炒长豆角	丝瓜炒肉片	荤炒三丝
	醋熘包菜	油焖茄子	酸辣包菜	炒小白菜	油焖包菜	芹菜炒豆腐干	醋熘包菜
	海带蛋汤	榨菜汤	豆芽肉丝汤	海带豆腐汤	西红柿蛋花汤	绿豆汤	榨菜汤
	绿豆汤	绿豆汤	绿豆汤	绿豆汤			绿豆汤
晚餐	馒头	馒头	馒头	馒头	大米饭	馒头	馒头
	荤炒三丁	牛肉烧萝卜	排骨炖冬瓜	回锅牛肉	浇汁全鱼	青椒回锅肉	排骨炖冬瓜
	肉末豆腐	肉片炒黄瓜	肉末烧茄子	四季豆炒肉片	豆角炒肉丝	滑熘肉片	荤炒三丁
	千张炒韭菜	炒小白菜	炒小白菜	千张炒韭菜	炒小白菜	韭菜炒千张	韭菜炒千张
	烧茄子	凉拌西红柿	芹菜炒豆腐干	烧茄子	凉拌西红柿	蒜汁蒸茄子	油焖茄子
	三鲜汤	三鲜汤	西红柿蛋汤	三鲜汤	肉丝面条汤	西红柿蛋汤	西红柿蛋汤
备注	周末小改善安排在周五午餐，增加“红烧肉”和“葱爆猪肝”两个菜						

（一）食谱所用原料清单

1. 星期一

早餐

馒头	面粉 150g
煎软饼	面粉 50g，鸡蛋 10g，小葱 5g
豆奶	豆乳粉 25g，白糖 25g
煮鸡蛋一个	鸡蛋 50g
炒瓜片	笋瓜 50g，葱 5g
炝三丝	青椒 30g，千张 20g，榨菜 10g
酱黄瓜	酱黄瓜 25g
咸辣萝卜	白萝卜 25g
小米稀饭	小米 25g

午餐

大米饭	大米 225g
清蒸鱼	鲢鱼 100g
青椒土豆肉片	瘦猪肉 30g，青椒 25g，土豆 50g

黄瓜爆猪肝	猪肝 20g，黄瓜 75g，小葱 10g
醋熘包菜	包菜 125g
海带蛋汤	鸡蛋 10g，海带 10g
绿豆汤	绿豆 10g，白糖 10g
晚餐	
馒头	面粉 250g
荤炒三丁	鸡蛋 25g，黄瓜 50g，青豆 25g
肉末豆腐	猪肉 30g，豆腐 75g
千张炒韭菜	韭菜 100g，千张 20g
烧茄子	茄子 100g
三鲜汤	虾米 10g，榨菜 10g，小白菜 50g

2. 星期二

早餐	
馒头	面粉 100g
油条	面粉 100g
豆奶	豆乳粉 25g，白糖 25g
咸鸡蛋一个	鸡蛋 50g
拌酸辣黄瓜	黄瓜 50g
炝三丝	青椒 25g，豆腐干 25g. 榨菜 10g
蒜茄子	茄子 25g，蒜头 5g
八宝菜	八宝菜 25g
稀饭	大米 25g
午餐	
大米饭	大米 250g
红烧鸡块	鸡肉 70g，萝卜 50g
千张肉丝	猪肉 25g，千张 50g，青椒 25g
豆角炒肉片	猪肉 10g，四季豆 75g
油焖茄子	茄子 75g
榨菜汤	小白菜 20g，榨菜 10g
绿豆汤	绿豆 10g，白糖 10g
晚餐	
馒头	面粉 250g
牛肉烧萝卜	牛肉 50g，白萝卜 50g

肉片炒黄瓜	猪肉 25g，黄瓜 75g
炒小白菜	小白菜 60g
凉拌西红柿	西红柿 100g，白糖 20g
三鲜汤	猪肉 10g，海带 10g，豆腐 20g

3. 星期三

早餐

馒头	面粉 100g
面包	面粉 100g
豆奶	豆乳粉 25g，白糖 25g
松花蛋一个	鸭蛋 60g
拌蒜泥黄瓜	黄瓜 50g，蒜头 5g
酱爆三丁	莴苣 30g，水萝卜 20g，黄豆 20g，豆瓣酱 5g
酱菜瓜	酱菜瓜 25g
什锦菜	咸菜 25g
玉米羹	玉米糁 25g，鸡蛋 10g，白糖 10g

午餐

大米饭	大米 250g
鱼块炖豆腐	草鱼 50g，豆腐 75g
荤炒三丝	猪肉 25g，青椒 50g，海带 25g
葱头爆猪肝	猪肝 25g，葱头 75g
酸辣包菜	包菜 125g
豆芽肉丝汤	绿豆芽 20g，猪肉 10g
绿豆汤	绿豆 10g，白糖 10g

晚餐

馒头	面粉 250g
排骨炖冬瓜	猪排骨 50g，冬瓜 75g
肉末烧茄子	猪肉 25g，茄子 75g
炒小白菜	小白菜 125g
芹菜炒豆腐干	芹菜 50g，豆腐干 25g
西红柿蛋汤	鸡蛋 10g，西红柿 20g

4. 星期四

早餐

馒头	面粉 200g

蒸饺	面粉 50g，猪肉 10g，豆角 30g
豆奶	豆乳粉 25g，白糖 25g
咸鸭蛋一个	鸭蛋 60g
拌黄瓜	黄瓜 50g
芹菜炒豆腐干	芹菜 30g，豆腐干 25g
蒜茄子	茄子 25g，蒜头 5g
炝酸豆角	酸豆角 40g，葱 10g
小豆稀饭	红小豆 10g，大米 15g
午餐	
大米饭	大米 250g
红烧带鱼	带鱼 75g
青椒炒肉丝	猪肉 25g，青椒 75g
笋瓜炒肉片	猪肉 25g，笋瓜 75g
炒小白菜	小白菜 125g
海带豆腐汤	海带 15g，豆腐 15g
绿豆汤	绿豆 10g，白糖 10g
晚餐	
馒头	面粉 250g
回锅牛肉	牛肉 40g，青椒 75g
四季豆炒肉片	猪肉 25g，四季豆 75g
千张炒韭菜	韭菜 50g，千张 25g
烧茄子	茄子 125g
三鲜汤	猪肉 10g，小白菜 20g，榨菜 5g

5. 星期五

早餐	
馒头	面粉 200g
蒸饼	面粉 50g
豆奶	豆乳粉 25g，白糖 25g
煮鸡蛋一个	鸡蛋 50g
酸辣包菜	包菜 50g
炒酸豆角	酸豆角 50g
酱黄瓜	酱黄瓜 25g
什锦菜	咸菜 25g

小米稀饭	小米饭 25g
午餐	
大米饭	大米 250g
鱼香肉丝	猪肉 40g，青椒 50g，豆腐干 20g
滑炒肉片	猪肉 25g，黄瓜 75g
素炒长豆角	长豆角 100g
油焖包菜	包菜 125g
西红柿蛋花汤	西红柿 20g，鸡蛋 10g
加菜：	
红烧肉	猪肉 50g
葱爆猪肝	猪肝 25g，葱头 50g
晚餐	
大米饭	大米 200g
浇汁全鱼	鲢鱼 75g
豆角炒肉丝	猪肉 50g，豆角 50g
炒小白菜	小白菜 100g
凉拌西红柿	西红柿 50g，白糖 10g
肉丝面条汤	面粉 50g，猪肉 10g，小葱 10g

6. 星期六

早餐	
馒头	面粉 200g
鲜肉小包	面粉 50g，包菜 50g，猪肉 20g
豆奶	豆乳粉 25g，白糖 25g
煮鸡蛋一个	鸡蛋 50g
青椒炒豆腐干	青椒 30g，豆腐干 20g
香辣萝卜	香辣萝卜 25g
盐水花生米	花生米 25g
糖醋蒜	蒜头 30g
玉米糊	玉米面 25g
午餐	
大米饭	大米 250g
红烧牛肉	牛肉 40g，冬瓜 60g
豆芽炒肉丝	鸡肉 25g，绿豆芽 75g

丝瓜炒肉片　　猪肉 25g，丝瓜 75g
芹菜炒豆腐干　　芹菜 50g，豆腐干 25g
绿豆汤　　绿豆 10g，白糖 10g
晚餐
馒头　　面粉 250g
青椒回锅肉　　猪肉 40g，青椒 75g
滑熘肉片　　猪肉 25g，黄瓜 75g
韭菜炒千张　　韭菜 50g，千张 25g
蒜汁蒸茄子　　茄子 100g，蒜头 10g
西红柿蛋汤　　鸡蛋 10g，西红柿 20g
7. 星期日
早餐
馒头　　面粉 200g
炒米粉　　米粉 50g，猪肉 10g，黄瓜 10g
豆奶　　豆乳粉 25g，白糖 25g
咸鸭蛋一个　　鸭蛋 60g
炝酸包菜　　包菜 50g
蒜茄子　　茄子 30g，蒜头 5g
盐水萝卜　　水萝卜 50g
油炸花生米　　花生米 25g
稀饭　　小米 25g
午餐
大米饭　　大米 250g
红烧鱼块　　鲢鱼 75g
木须肉　　猪肉 25g，黄瓜 50g，干黄花 5g，木耳 5g
荤炒三丝　　瘦猪肉 25g，青椒 50g，豆腐干 25g
醋熘包菜　　包菜 125g
绿豆汤　　绿豆 10g，白糖 10g
榨菜汤　　榨菜 10g，小白菜 20g
晚餐
馒头　　面粉 250g
排骨炖冬瓜　　猪排骨 50g，冬瓜 75g
荤炒三丁　　鸡肉 25g，黄瓜 50g，豆腐干 25g

韭菜炒千张	韭菜 75g，千张 25g
油焖茄子	茄子 125g
西红柿蛋汤	鸡蛋 10g，西红柿 20g

二、食谱评价

1. 食物定量评价

指标	标准值	实际值	达标率（%）
动物性食品（g）	280	278.57	99
黄豆（g）	80	61.43	77
蔬菜（g）	750	782.14	104
蔗糖（g）	30	39.29	131
海带（g）	15	8.57	57
豆乳粉（g）	25	25.00	100

2. 能量及营养素供给量评价

指标	标准值	实际值	评价或达标率(%) 热能
热能（MJ）	12.6～14.6	17.7	充裕
（kcal）	3000～3500	4250.83	
蛋白质（g）	100	137.31	满足
优质蛋白质（%）	30～50	35.59	符合
蛋白质脂肪糖发热比	13.5∶25∶60	12.9∶24.7∶62.4	符合
动物性来源脂肪（%）	<50	38.29	符合
钙（mg）	800	810.63	满足
铁（mg）	15	36.65	充裕
锌（mg）	15	17.42	满足
硒（μg）	50	87.09	充裕
维生素 A（μg）	1000	1219.31	满足
维生素 E（mg）	10	68.10	充裕
维生素 B1（mg）	2	1.83	92
维生素 B2（mg）	1.5	1.45	97
维生素 PP（mg）	20	26.68	满足

维生素 C（mg） 75 142.70 充裕

三、秋季

北方秋季食谱见表 6－8。

表 6－8 北方秋季食谱

	星期一	星期二	星期三	星期四	星期五	星期六	星期日
早餐	馒头	馒头	馒头	馒头	馒头	馒头	馒头
	鲜肉小包	金银糕	油条	鲜肉小包	面包	肉末卷	炒米粉
	豆奶	豆奶	豆奶	豆奶	豆奶	豆奶	豆奶
	煮鸡蛋一个	咸鸡蛋一个	松花蛋一个	咸鸡蛋一个	煮鸡蛋一个	咸鸭蛋一个	煮鸡蛋一个
	酱爆三丁	炒三丝	拌三丝	炝三丝	芹菜炒豆腐	炒双片	炒莴苣片
	酸辣豆角	油炸花生米	酸辣豆角	酱菜瓜	酸辣白菜	八宝菜	蒜茄子
	什锦咸菜	酱瓜丁	什锦咸菜	泡豇豆	盐水花生米	酸豆角	拌三丝
	糖蒜	酸甜泡菜	腐乳	糖醋萝卜	腌雪里蕻	拌三丝	酱黄瓜
	小豆稀饭	稀饭	玉米糊	玉米羹	稀饭	小豆稀饭	稀饭
午餐	大米饭	大米饭	大米饭	大米饭	大米饭	大米饭	大米饭
	烧全鱼	排骨炖萝卜	鱼块炖豆腐	粉蒸排骨	肉片烧豆角	红烧鱼块	浇汁全鱼
	黄瓜炒肉片	黄瓜熘肉片	黄瓜炒肉片	韭菜炒鸡蛋	酱爆肉丁	豆角烧肉片	炒三鲜
	荤炒三丝	西红柿炒鸡蛋	青椒肉丝	熘豆腐丸子	荤炒三丝	荤炒三丝	肉片炖豆腐
	素炒菠菜	素炒小白菜	油焖四季豆	酸辣白菜	炒菠菜	油焖包菜	蒜泥菠菜
	西红柿蛋汤	三鲜汤	海带骨头汤	三鲜汤	西红柿蛋汤	紫菜蛋汤	海带榨菜汤
晚餐	馒头 萝卜炖鸡块 炒三鲜 凉拌西红柿 烧茄子 海带榨菜汤	馒头 牛肉炖土豆 豆腐烧肉片 拌蒜泥黄瓜 炒菠菜 海带粉丝汤	馒头 牛肉炖土豆 千张烧肉片 炒小白菜 青椒炒西红柿 榨菜肉丝汤	馒头 荤炒三丁 溜猪肝 素炒绿豆芽 八宝菜 紫菜肉丝汤	大米饭、馒头 萝卜烧鸡块 肉末豆腐 凉拌三丝 酸辣白菜 肉丝面条汤	馒头 肉牛炖土豆 滑熘肉片 凉拌芹菜花生 什锦菜 三鲜汤	馒头 红烧牛肉 酸豆角炒肉丝 炒小白菜 凉拌西红柿 菠菜蛋汤
备注	周末小改善安排在周五午餐，增加“红烧肉”和“豆瓣烧鱼”两个菜						

(一)食谱所用原料清单

1. 星期一

早餐

馒头	面粉 150g
鲜肉小包	面粉 50g，韭菜 50g，猪肉 10g
豆奶	豆乳粉 25g，白糖 25g
煮鸡蛋一个	鸡蛋 50g
酱爆三丁	土豆 30g，胡萝卜 20g，黄豆 20g，豆瓣酱 5g
酸辣豆角	尖椒 10g，长豆角 40g
什锦咸菜	咸菜 20g
糖蒜	糖蒜头 10g
小豆稀饭	红小豆 15g，大米 20g

午餐

大米饭	大米 250g
烧全鱼	猪肉 25g，黄瓜 75g
荤炒三丝	瘦猪肉 25g，青椒 50g，千张 25g
素炒菠菜	菠菜 100g
西红柿蛋汤	鸡蛋 10g，西红柿 20g

晚餐

馒头	面粉 250g
萝卜炖鸡块	鸡肉 40g，白萝卜 70g
炒三鲜	瘦猪肉 25g，黄瓜 50g，千张 25g
凉拌西红柿	西红柿 75g，白糖 20g
蒜茄子	茄子 50g，蒜头 5g
海带榨菜汤	海带 10g，榨菜 10g

2. 星期二

早餐

馒头	面粉 100g
金银糕	大米 50g，玉米面 50g，白糖 10g
豆奶	豆乳粉 25g，白糖 25g
咸鸭蛋一个	鸭蛋 60g
炒三丝	胡萝卜 25g，青椒 25g，千张 25g
油炸花生米	花生米 25g

酱瓜丁	酱菜瓜 30g
酸甜泡菜	大白菜 50g，白糖 10g
稀饭	小米 25g
午餐	
大米饭	大米 250g
排骨炖萝卜	猪排骨 75g，白萝卜 50g
黄瓜熘肉片	猪肉 25g，黄瓜 75g
西红柿炒鸡蛋	鸡蛋 25g，西红柿 75g
素炒小白菜	小白菜 100g
三鲜汤	鸡肉 10g，菠菜 20g，榨菜 5g
晚餐	
馒头	面粉 250g
牛肉炖土豆	牛肉 50g，土豆 75g
豆腐烧肉片	猪肉 25g，豆腐 100g
拌蒜泥黄瓜	黄瓜 75g，蒜头 5g
炒菠菜	菠菜 100g
海带粉丝汤	海带 10g，粉丝 10g

3. 星期三

早餐	
馒头	面粉 100g
油条	面粉 100g
豆奶	豆乳粉 25g，白糖 25g
松花蛋	鸭蛋 60g
拌三丝	青椒 20g，胡萝卜 20g，千张 25g
酸辣豆角	长豆角 50g，尖椒 10g
什锦咸菜	咸菜 20g
糖蒜	蒜头 30g
玉米糊	玉米面 25g
午餐	
大米饭	大米 250g
鱼块烧豆腐	鲢鱼 50g，豆腐 50g
黄瓜炒肉片	猪肉 30g，黄瓜 75g
青椒肉丝	鸡肉 30g，青椒 75g

油焖四季豆	四季豆 100g
海带骨头汤	海带 30g，猪杂骨 50g
晚餐	
馒头	面粉 250g
牛肉炖土豆	牛肉 50g，土豆 50g
千张烧肉片	猪肉 35g，千张 35g，海带 30g
炒小白菜	小白菜 125g
青椒炒西红	西红柿 100g，青椒 30g
榨菜肉丝汤	猪肉 10g，榨菜 10g，菠菜 20g

4. 星期四

早餐	
馒头	面粉 150g
鲜肉小包	面粉 50g，猪肉 10g，大白菜 50g
豆奶	豆乳粉 25g，白糖 25g
咸鸭蛋一个	鸭蛋 60g
炝三丝	青椒 30g，红椒 20g，千张 25g
酱菜	酱菜瓜 30g
泡豇豆	豇豆 50g，于红椒 1g
糖醋萝卜	白萝卜 50g，小葱 5g，白糖 5g
玉米羹	玉米糁 25g，鸡蛋 10g，白糖 10g
午餐	
大米饭	大米 250g
粉蒸排骨	猪排骨 75g，白萝卜 50g，蒸肉米粉 10g
韭菜炒鸡蛋	鸡蛋 25g，韭菜 75g
熘豆腐丸子	猪肉 30g，豆腐 75g
酸辣白菜	大白菜 125g，干辣椒 1g
三鲜汤	鸡肉 10g，菠菜 20g，榨菜 5g
晚餐	
馒头	面粉 250g
荤炒三丁	鸡肉 25g，青椒 50g，豆腐干 25g
溜猪肝	猪肝 25g，葱头 75g，青椒 25g
素炒绿豆芽	绿豆芽 100g，小葱 10g
八宝菜	八宝咸菜 30g

紫菜肉丝汤　　猪肉 10g，紫菜 5g

5. 星期五

早餐

馒头　　面粉 150g

面包　　面粉 50g

豆奶　　豆乳粉 25g，白糖 25g

煮鸡蛋一个　　鸡蛋 50g

芹菜炒豆腐干　　芹菜 30g，豆腐干 20g

酸辣白菜　　大白菜 50g，干辣椒 1g

盐水花生米　　花生米 25g

腌雪里蕻　　雪里蕻 50g

稀饭　　大米 25g

午餐

大米饭　　大米 250g

肉片烧豆角　　猪肉 40g，豆角 75g

酱爆肉丁　　瘦猪肉 25g，土豆 50g，黄豆 20g，豆瓣酱 5g

荤炒三丝　　土豆 50g，芹菜 25g，猪肉 10g

炒菠菜　　菠菜 100g

西红柿蛋汤　　鸡蛋 10g，西红柿 20g

加菜：

豆瓣烧鱼　　鲢鱼 90g，豆瓣酱 5g

回锅肉　　猪肉 25g，土豆 50g，红椒 20g

晚餐

大米饭　　大米 200g

馒头　　面粉 50g

萝卜烧鸡块　　鸡肉 40g，白萝卜 30g

肉末豆腐　　猪肉 20g，豆腐 75g

凉拌三丝　　芹菜 50g，胡萝卜 50g，粉丝 30g

酸辣白菜　　大白菜 100g，干红椒 5g

肉丝粉条汤　　瘦猪肉 10g，粉丝 20g，小葱 10g

6. 星期六

早餐

馒头　　面粉 150g

肉末卷	面粉 50g，猪肉 10g，芹菜 50g
豆奶	豆乳粉 25g，白糖 25g
咸鸭蛋一个	鸭蛋 60g
炒双片	大白菜 30g，豆腐干 25g
八宝菜	八宝咸菜 20g
酸豆角	豆角 30g
拌三丝	芹菜 25g，红椒 25g，千张 25g
小豆稀饭	红小豆 15g，大米 20g
午餐	
大米饭	大米 250g
红烧鱼块	鲢鱼 75g
豆角烧肉片	猪肉 25g，豆角 75g
荤炒三丝	鸡肉 25g，青椒 50g，千张 25g
油焖包菜	包菜 125g
紫菜蛋汤	鸡蛋 10g，紫菜 10g，西红柿 50g
晚餐	
馒头	面粉 250g
牛肉炖土豆	牛肉 40g，土豆 100g
滑熘肉片	猪肉 40g，黄瓜 100g
凉拌芹菜花	芹菜 60g，花生 20g
什锦菜	咸菜 50g
三鲜汤	海带 10g，蘑菇 20g，榨菜 5g

7. 星期日

早餐	
馒头	面粉 250g
蒸饺	面粉 50g，猪肉 5g，小葱 10g
豆奶	豆乳粉 25g，白糖 25g
煮鸡蛋一个	鸡蛋 50g
炒莴苣片	莴苣 50g，猪肉 25g
蒜茄子	茄子 50g，蒜头 5g
拌三丝	芹菜 50g，胡萝卜 50g，粉丝 30g
酱黄瓜	黄瓜 30
稀饭	大米 25g

午餐

大米饭	大米 250g
浇汁全鱼	鲫鱼 250g
炒三鲜	猪肉 25g，黄瓜 50g，蘑菇 25g
肉片炖豆腐	猪肉 25g，豆腐 100g
蒜泥菠菜	菠菜 100g，蒜头 5g
海带榨菜汤	海带 10g，榨菜 10g

晚餐

馒头	面粉 250g
红烧牛肉	牛肉 40g，土豆 60g
酸豆角炒肉丝	猪肉 25g，泡豆角 75g
炒小白菜	小白菜 125g
凉拌西红柿	西红柿 100g，白糖 10g
菠菜蛋汤	鸡蛋 10g，菠菜 20g

（二）食谱评价

1. 食物定量评价

指标	标准值	实际值	达标率（%）
动物性食品（g）	280	279.9	101.3
黄豆（g）	80	77.6	97
蔬菜（g）	750	777.7	104
蔗糖（g）	30	34.9	114
海带（g）	15	14.9	95
豆乳粉（g）	25	25.00	100

2. 能量及营养素供给量评价

指标	标准值	实际值	评价或达标率（%）
热能（MJ）	12.6～14.6	17.4	充裕
（kcal）	3000～3500	4227.56	
蛋白质（g）	100	139.66	满足
优质蛋白质（%）	30～50	37.86	符合
蛋白质脂肪糖发热比	13.5：25：60	13.2：25.4：61.4	符合

动物性来源脂肪（%）	<50	35.85	符合
钙（mg）	800	871.22	满足
铁（mg）	15	37.98	充裕
锌（mg）	15	18.90	满足
硒（μg）	50	82.25	充裕
维生素A（μg）	1000	1261.57	满足
维生素E（μg）	10	74.02	充裕
维生素B_1（mg）	2	5.03	满足
维生素B_2（mg）	1.5	1.40	93
维生素PP（mg）	20	26.89	满足
维生素C（mg）	75	143.72	充裕

（四）冬季

北方冬季食谱见表6－9。

表6－9　北方冬季食谱

	星期一	星期二	星期三	星期四	星期五	星期六	星期日
早餐	馒头	馒头	馒头	馒头	馒头	馒头	馒头
	油条	鲜肉小包	金银糕	面包	蒸饼	糖包	蒸饺
	豆奶	豆奶	豆奶	豆奶	豆奶	豆奶	豆奶
	煮鸡蛋一个	咸鸡蛋一个	葱爆鸡蛋	煮鸡蛋一个	咸鸭蛋一个	煮鸡蛋一个	煮鸡蛋一个
	炝酸辣白菜	辣萝卜丁	麻辣包菜	拌三丝	葱油萝卜丝	炝双片	炒三丝
	酱爆三丁	酱爆三丁	芹菜炒豆腐干	炝三丁	爆三丁	糖醋白菜	五香萝卜丝
	酱菜瓜	葱爆酸菜	五香萝卜丁	八宝咸菜	酱菜瓜	蒜苗炒豆腐干	泡菜
	五香萝卜条	酱黄瓜	腌黄瓜	酱萝卜条	什锦咸菜	泡尖椒萝卜干	榨菜丝
	稀饭	黑米粥	玉米羹	稀饭	玉米糊	小豆稀饭	稀饭

续表

	星期一	星期二	星期三	星期四	星期五	星期六	星期日
午餐	大米饭	大米饭	大米饭	大米饭	大米饭	大米饭	大米饭
	羊肉炖萝卜	红烧鸡块	牛肉炖土豆	排骨炖萝卜	牛肉炖土豆	红烧鱼块	牛肉炖土豆
	酸菜炒肉片	葱爆猪肝	豆芽炒肉丝	黄瓜熘肉片	酱爆肉丁	白菜熘肉片	白菜烧肉片
	肉末豆腐	肉烧豆腐干	千张烧肉片	荤炒三丝	辣子炝包菜	酸菜炖粉条	荤炒三丝
	酸辣包菜	醋熘白菜	素炒菠菜	酸辣白菜	辣子白菜	酸菜炝粉条	鱼头炖豆腐
	蘑菇酸菜汤	紫菜蛋汤	三丝汤	西红柿蛋汤	海带豆芽汤	红白豆腐汤	肉丝豆芽汤
晚餐	馒头	馒头	馒头	馒头	大米饭	馒头	馒头
	土豆炖肉	红烧鱼	黄焖元子	鱼块炖豆腐	炒三鲜	排骨炖萝卜	红烧肉
	荤炒三丝	萝卜炒肉片	白菜炖肉片	蒜苗回锅肉	葱爆猪肚	荤炒三丝	豆芽炒肉丝
	醋熘包菜	海带炖白菜	素炒三丝	酸菜炖粉条	醋熘白菜	素炒三样	醋熘白菜
	素炒绿豆芽	什锦菜	蒜苗豆腐干	酸辣包菜	芹菜炒豆腐	酸辣白菜	酱爆三丁
	蘑菇豆腐汤	酸辣汤	豆芽肉丝汤	榨菜肉丝汤	肉丝面条汤	烧豆腐	海带骨头汤
备注	周末小改善安排周五午餐，增加“清炖鸡”“肉片炖豆腐”两个菜						

（一）食谱所用原料清单

1. 星期一

早餐

馒头	面粉 100g
油条	面粉 100g
豆奶	豆乳粉 25g，白糖 25g
煮鸡蛋一个	鸡蛋 50g
炝酸辣白菜	大白菜 50g，干辣椒 1g
酱爆三丁	黄豆 20g，土豆 25g，胡萝卜 20g，豆瓣酱 5g
酱黄瓜	酱黄瓜 30g
五香萝卜条	五香萝卜 30g
稀饭	大米 25g

午餐

大米饭	大米 250g
羊肉炖萝卜	羊肉 75g，白萝卜 50g，胡萝卜 20g
酸菜炒肉片	猪肉 25g，腌白菜 75g
肉末豆腐	猪肉 20g，豆腐 100g

醋熘白菜	大白菜 100g
紫菜蛋汤	鸡蛋 10g，紫菜 5g，西红柿 20g
晚餐	
馒头	面粉 200g
土豆炖肉	猪肉 50g，土豆 75g
素炒绿豆芽	绿豆芽 75g
蘑菇豆腐汤	蘑菇 20g，豆腐 20g
2. 星期二	
早餐	
馒头	面粉 150g
鲜肉小包	面粉 50g，大白菜 50g，猪肉 10g
豆奶	豆乳粉 25g，白糖 25g
鸡蛋一个	鸡蛋 50g
芹菜炒豆腐	芹菜 50g，豆腐干豆腐 25g
葱爆酸菜	腌白菜 50g，大葱 10g
辣萝卜丁	辣萝卜 30g
酱黄瓜	黄瓜 30g
小米粥	小米 25g
午餐	
大米饭	大米 250g
红烧鸡块	鸡肉 60g，土豆 50g
葱爆猪肝	猪肝 25g，大葱 75g，胡萝卜 25g
肉烧豆腐干	猪肉 25g，豆腐 50g，芹菜 30g
素炒菠菜	菠菜 100g
三丝汤	猪肉 10g，榨菜 10g，豆芽 20
晚餐	
馒头	面粉 250g
红烧鱼	鲢鱼 75g
萝卜炒肉片	猪肉 25g，白萝卜 50g，胡萝卜 25g
海带炖白菜	大白菜 100g，海带 25g
什锦菜	咸菜 30g
酸辣汤	腌白菜 20g，干辣椒 1g

3. 星期三

早餐

馒头	面粉 100g
金银糕	面粉 50g，玉米粉 50g，白糖 10g
豆奶	豆乳粉 25g，白糖 25g
葱爆鸡蛋	鸡蛋 55g，大葱 25g
炝三丁	土豆 50g，胡萝卜 20g，榨菜 10g
五香萝卜丁	红萝卜 30g
麻辣包菜	包菜 50g
腌黄瓜	黄瓜 30g
玉米羹	玉米糁 25g，白糖 10g

午餐

大米饭	大米 250g
牛肉炖土豆	牛肉 50g，土豆 50g，胡萝卜 125g
豆芽炒肉丝	鸡肉 25g，绿豆芽 75g
千张烧肉片	猪肉 25g，千张 30g，海带 20g
酸辣白菜	大白菜 100g
西红柿蛋汤	鸡蛋 10g，西红柿 20g

晚餐

馒头	面粉 250g
黄焖元子	猪肉 75g，豆腐 50g
白菜炖肉片	猪肉 75g，大白菜 1013g
素炒三丝	土豆 50g，芹菜 30g，胡萝卜 20g
蒜苗炒豆腐干	蒜苗 50g，豆腐干 25g
豆芽肉丝汤	鸡肉 10g，黄豆芽 20g，榨菜 5g

4. 星期四

早餐

馒头	面粉 100g
面包	面粉 100g
豆奶	豆乳粉 25g，白糖 25g
煮鸡蛋一个	鸡蛋 50g
拌三丝	土豆 25g，青椒 25g，海带 10g
爆三丁	黄豆 20g，白萝卜 25g，大葱 25g

八宝咸菜	咸菜 30g
酱萝卜条	萝卜 30g
稀饭	大米 25g
午餐	
大米饭	大米 250g
排骨炖萝卜	猪排骨 75g，白萝卜 50g，胡萝卜 25g，白糖 10g
黄瓜熘肉片	猪肉 25g，黄瓜 75g
荤炒三丝	鸡肉 25g，芹菜 50g，千张 25g
辣子白菜	大白菜 100g，干辣椒 10g
海带豆芽汤	黄豆芽 20g，海带 5g，榨菜 5g
晚餐	
馒头	面粉 250g
鱼块炖豆腐	鲢鱼 50g，豆腐 75g
蒜苗回锅肉	猪肉 30g，蒜苗 70g
酸菜炖粉条	腌白菜 75g，粉条 25g
酸辣包菜	包菜 100g，干红椒 5g
榨菜肉丝汤	猪肉 10g，榨菜 5g

5. 星期五

早餐	
馒头	面粉 150g
蒸饼	面粉 50g
豆奶	豆乳粉 25g，白糖 25g
咸鸭蛋一个	鸭蛋 60g
葱油萝卜丝	白萝卜 50g，大葱 10g
糖醋白菜	大白菜 50g，白糖 10g
酱菜瓜	酱菜瓜 30g
什锦咸菜	咸菜 30g
玉米糊	玉米面 25g
午餐	
大米饭	大米 250g
牛肉炖土豆	牛肉 50g，土豆 75g
酱爆肉丁	猪肉 25g，黄豆 20g，胡萝卜 50g
辣子炝包菜	包菜 125g，干辣椒 1g

酸菜炖粉条	腌白菜 75g，粉条 25g
红白豆腐汤	猪血 20g，豆腐 20g

加菜：

清炖鸡	鸡肉 100g
肉片炖豆腐	猪肉 25g，豆腐 75g

晚餐

大米饭	大米 200g
炒三鲜	猪肉 25g，大白菜 50g，平菇 25g
葱爆猪肚	猪肚 25g，葱头 75g
醋熘白菜	大白菜 100g，干辣椒 1g
芹菜炒豆腐干	芹菜 50g，豆腐干 25g
肉丝面条汤	猪肉 10g，面粉 50g，小葱 10g

6. 星期六

早餐

馒头	面粉 150g
糖包	面粉 50g，白糖 10g
豆奶	豆乳粉 25g，白糖 25g
煮鸡蛋一个	鸡蛋 50g
炝双片	土豆 50g，榨菜 10g
五香萝卜丝	胡萝卜 30g
蒜苗炒豆腐干	蒜苗 50g，豆腐干 25g
泡尖椒萝卜丁	泡尖椒 10g，泡萝卜 20g
小豆稀饭	红小豆 15g，大米 15g

午餐

大米饭	大米 250g
红烧鱼块	鲢鱼 75g
白菜熘肉片	猪肉 25g，大白菜 100g
酸菜炖豆腐	腌白菜 75g，豆腐 20g
鱼头炖豆腐	鱼头 25g，豆腐 20g
肉丝豆芽汤	猪肉 10g，黄豆芽 20g

晚餐

馒头	面粉 250g
排骨炖萝卜	猪排骨 50g，白萝卜 50g，胡萝卜 25g

荤炒三丝	瘦猪肉 25g，土豆 50g，青椒 25g
素烧三样	大白菜 75g，胡萝卜 25g，海带 10g
酸辣白菜	大白菜 100g
烧豆腐	豆腐 75g

7. 星期日

早餐

馒头	面粉 150g
蒸饺	面粉 50g，猪肉 10g，大白菜 30g
豆奶	豆乳粉 25g，白糖 25g
煮鸡蛋一个	鸡蛋 50g
炒三丝	青椒 30g，胡萝卜 20g，千张 20g
酱爆双丁	豆腐干 20g，酱黄瓜 20g
泡菜	泡包菜 20g，泡尖椒 10g
榨菜丝	榨菜 20g
稀饭	大米 25g

午餐

大米饭	米 250g
牛肉炖土豆	牛肉 50g，土豆 75g
白菜烧肉片	猪肉 30g，大白菜 50g，海带 20g
荤炒三丝	猪肉 25g，芹菜 50g，胡萝卜 20g
酸辣包菜	包菜 100g
蘑菇酸菜汤	蘑菇 10g，腌白菜 20g，榨菜 5g

晚餐

馒头	面粉 250g
红烧肉	猪肉 50g，土豆 75g
豆芽炒肉丝	猪肉 30g，绿豆芽 75g
醋熘白菜	大白菜 100g
酱爆三丁	白萝卜 40g，胡萝卜 40g，黄豆 20g
海带骨头汤	海带 10g，猪杂骨 25g

（二）食谱评价

1. 食物定量评价

指标	标准值	实际值	达标率（%）
动物性食品（g）	280	275.71	98
黄豆（g）	80	73.93	92
蔬菜（g）	750	766.43	102
蔗糖（g）	30	32.14	107
海带（g）	15	14.29	95
豆乳粉（g）	25	25.00	100

2. 能量及营养素供给量评价

指标	标准值	实际值	评价或达标率（%）
热能（MJ）	12.6～14.6	17.4	充裕
（kcal）	3000～3500	4155.00	
蛋白质（g）	100	133.09	满足
优质蛋白质（%）	30～50	38.34	符合
蛋白质脂肪糖发热比	13.5∶25∶60	12.8∶25.1∶62.1	符合
动物性来源脂肪（%）	<50	41.16	符合
钙（mg）	800	810.11	满足
铁（mg）	15	34.26	充裕
锌（mg）	15	17.81	满足
硒（μg）	50	82.22	充裕
维生素 A（μg）	1000	1051.40	满足
维生素 E（mg）	10	66.15	充裕
维生素 B_1（mg）	2	2.42	满足
维生素 B_2（mg）	1.5	1.29	86
维生素 PP（mg）	20	25.42	满足
维生素 C（mg）	75	141.07	充裕

第七章　船舶食品管理方法与效益

船舶食品管理现代化，就是要根据船舶实际情况，在管理人才、管理思想、管理组织、管理方法和管理手段等方面实现现代化，并将它们同各项管理功能有机地结合起来，形成具有特色的食品现代化管理系统：要有正确的食品保障思想；培养出一支掌握现代管理知识技能的食品管理人员队伍；建立起一套高效运行的组织机构和管理制度；在食品管理的全过程中，结合内部的实际情况和外部条件，实事求是，有效地使用现代管理方法和手段。由此可见，实现食品现代化管理，除了有先进的管理思想和管理制度及与之相适应的管理体制外，还必须采取现代管理方法。

第一节　现代管理方法与船舶食品管理

一、现代管理方法的基本特征

现代管理方法从总体上看有以下 3 个基本特征。

（一）系统性

系统性是指系统内部要素之间相互作用、相互联系，并构成具有一定功能复合体的特性。它是综合性、相关性、有序性、整体性等特性的综合体现。

现代管理方法的系统特征主要表现在两个方面：一是每一项管理方法都有其内在的系统特征。它包括有明确的目标、一定的约束条件、达到目标的程序和方法、良好的信息反馈等。二是每一项管理方法都渗透在管理的全过程中，因而管理过程中的各部分都有密切的联系。按照一般组织管理过程的主要顺序，体现在计划（包括规划、计划和决策）、组织、控制（包括监督和信息联系）等方面。

（二）选择性

现代管理方法有多种，这些方法具有复杂的相互关系，它们之间可互相弥补，互相制约。影响管理目标实现的因素也有多种，常常既受外部环境的影响，又受内部条件的制约。对于一种已选定的决策方案，要把握择优原则，在多种方案中要找出最佳方案。因此，择优是现代化管理方法的一个基本特征。

船舶食品管理工作基本上分为决策性与执行性两大类。对于某一项具体的决策性管理或执行性管理来说，实施不同的管理职能既需要采用不同的管理方法，又需要在多种可行的管理方法中加以选择。由于管理涉及许多部门的工作，因而从组织结构方面观察，只有重视和抓好各级的各项管理内容，才有利于现代管理方法的实施。

（三）重视定量分析

从经验管理到科学管理、由定性分析到定量分析是管理学发展的必然。由于应用数学的发展，控制论、信息论的建立，以及电子计算机的广泛应用，以定量分析为特征的现代管理方法得到发展。因此，重视定量分析成为现代管理方法的一个重要特征。

食品管理不同于一般的自然科学和社会科学，它既有自然科学的属性，又有社会科学的特征。定量的数学描述固然能使我们深刻地分析食品保障规律，但也不能取代定性分析。在以往的管理实践中，采用定性分析的方法较多，应用定量的数学分析方法较少。随着现代管理方法在食品管理中的广泛应用和普及，定量的管理方法也将被广泛应用。

二、现代管理方法的基本内容

现代管理方法的内容十分丰富，它是以传统的科学管理为基础，吸收了经济学、数学、电子计算机等科学技术建立起来的。现代管理方法基本上包括决策方法和执行方法两大类。决策方法主要包括预测和决策技术、技术经济分析、系统工程、管理信息系统等。执行方法主要包括价值工程、网络技术、控制技术、组织行为管理等。它的内容十分丰富。

第二节　船舶食品标准化管理

船舶食品标准化管理，是指在食品管理实践中，制定并贯彻统一的标准，以求获得最佳的管理效益。标准化管理是现代管理科学的重要组成部分，在船舶食品管理中应用标准化管理方法和手段，对于合理使用经费，充分利用食品物资，提高膳食保障质量和全面提高管理效益，具有十分重要的作用。

一、食品标准化管理的概念与作用

（一）食品标准化管理的概念

标准是对需要协调统一的技术或事物所做的统一规定，通常包括产品标准、技术标准、供应标准、工作标准等。

食品供应标准是对食品供应工作重复性事物所做的统一规定。它是以人体生理、经济性等科学技术及中外食品保障实践经验为基础，经有关方面充分论证，由主管机构批准，以特定的程序和形式发布，作为共同遵守的准则和工作依据。

食品管理标准化是指在食品管理工作中，通过制定、发布和实施标准，达到统一，以获得最佳管理效益。

（二）食品标准化管理的作用

食品管理工作的实践证明，组织食品保障工作，实行科学管理都离不开标准化。标准化管理的作用主要表现在以下 4 个方面。

1. 标准化是有序组织食品保障工作的前提

随着各项建设的发展，对食品管理工作提出了更高要求。食品管理工作具有范围广、机构多、任务重、受环境条件影响大等特点。各级管理部门之间、部门和其他专业部门之间的工作协调与协作日趋广泛。这就要求食品管理工作要以统一与协调为前提，而标准化正是这种统一与协调的手段。

在长期的工作实践中已经应用了标准化管理，并取得了比较好的效果。标准化管理之所以有效，除了它的科学性之外，还由于它对食品管理人员的工作具有纪律约束力。纪律约束力表现在：第一，它能使人们在工作中建立最佳秩序，并提供相互了解的依据。第二，它能为人们所从事的食品管理工作确立必须达到的目标。它比一般行政规定更具有科学依据。第三，标准是从全局出发，又考虑各方面情况，在充分协商基础上确定的，既有法律效用，又有自我约束作用。虽然食品管理标准化工作起步较晚，但是已经取得一定成效。这些标准不仅包括基本的营养素标准、实物标准和经费标准，还包括一些工作标准和服务标准，使食品保障工作有序进行。由此可见标准化是组织食品保障工作的前提条件。

2. 标准化是提高管理效益的途径

提高管理效益是食品保障工作的一项迫切任务。造成管理效益差的原因较多，解决这个问题必须采取综合措施。加强食品管理标准化管理工作是必要的措施之一。

食品管理工作的主要特征之一是重复性。在物资采购、储存、膳食制作等过程中，物资、经费和劳动力等的投入，有的必要，有的不必要。后者便属于浪费，会降低管理效益。标准化的主要功能就是对重复发生的事物尽量减少或消除不必要的耗费，并且促使劳动成果的重复利用。因此，在船舶食品管理工作中采用标准化管理是提高管理效益的有效途径。

3. 标准化是实行科学管理的依据

为了使有限的经费和物资能够适应保障的要求，使其充分发挥效能，就必须对食品管理工作实行标准化管理。食品管理工作复杂而且涉及面广，如果没有统一的规定，就会各行其是，造成供应与管理上的混乱，也有碍于各级积极性的调动和发挥。同时，标准化又是各级部门履行计划、协调、控制等管理职能的基础。编造计划没有统一的标准，计划工作就没有依据，有了统一的标准，就能使食品管理系统的各部门、各环节相互协调配合，减少矛盾；有了统一标准，就能发现和纠正工作中的各项偏差，实施有效的控制，进行科学的管理，有利于把食品管理工作科学地、有序地组织起来，使之有条不紊、忙而不乱，有效地监督管理活动的顺利进行。所以说，标准化管理是实现科学管理的依据。

4. 标准化是提高船员膳食质量的手段

在食品保障工作中，保障对象总是希望膳食质量不断提高，但对保障工作人员来说，做到这一点并非易事，其原因是许多因素和条件制约着食品工作。进行标准化管理则有利于解决好这些矛盾，从而使船舶人员的膳食质量不断提高。这主要是由以下几方面所决定。首先，膳食质量标准既是食品保障的目标，又是衡量膳食质量的依据。这一标准一经确立，便可起到衡量差距、鞭策后进的作用。其次，膳食质量取决于食品保障部门的保障水平。标准化不仅是建立膳食质量保证体系不可缺少的基础工作，而且要贯穿工作的全过程，并最终落脚在为船舶人员提供高质量的膳食上。

二、食品保障标准种类

食品保障标准是一个复杂的系统，不仅在结构上有不同的层次，而且有众多的子系统。食品标准按其内容、性质、层次及适用范围的不同，可分成若干种类。不同种类的食品保障标准彼此间存在着紧密的内在联系，从而形成标准的有机整体，即保障标准体系。

（一）标准种类

食品保障标准按其内容可分为供给标准、工作标准和技术标准三大类，而这三类标准又可以根据其性质、作用及类别进一步区分。标准还可按照其适用范围区分为若干等级。

1. 供给标准

食品供给标准是按照建制、人员等确定的保障经费、物资的供应数量、质量规定。可根据船舶特点制定完善的食品供给标准体系，为保障部门及时、准确地组织伙食保障提供可靠的依据。

2. 工作标准

工作标准是为了建立正常的工作秩序，对部门、单位和人员的管理活动、业务内容、职责范围、工作程序、工作方法和必须达到的工作效率、质量，以及考评办法等所制定的准则。它是以标准化的形式全面控制食品保障机构和人员的本职工作，是考核工作绩效的主要依据。有了工作标准，能使每一个单位、每一个部门和每一个保障人员在工作中有所遵循和有所要求，使各项工作能有条不紊地进行，达到预期的目的，取得最佳的管理效益。

工作标准是一种综合性的标准体系，是搞好食品管理的重要依据。一般可分为指令性工作标准、单位工作标准和个人工作标准等。指令性工作标准是指在一个管理系统内，由高级管理层根据本系统业务管理的要求颁发的规章制度、规范化要求等，如《食品供给制度》《食品消耗核算制度》等。个人工作标准是指按岗位制定的有关个人工作质量的标准，如《炊管人员工作职责》《厨房工作人员职责》等。单位工作标准，则应根据本单位、本部门所担负的任务来制定。如一个伙食单位的食谱，就是工作标准的一种。制定工作标准时，必须注意量化，以便于执行和考核检查。例如，评比标准、评分标准、考核标准、质量标准、效率标准等，都属于工作标准的范围。这些标准都要列出具体要求。例如，开展评比活动，为了评出先进，应先制定出统一的评比条件，这些条件应包括饮食服务、伙食改善、经济民主、生产节约、饮食卫生等情况。

从以上内容可以看出，工作标准应包括两层含义．一是具有标准的特点，符合标准的概念；二是标准的对象是工作，必须紧紧围绕工作而制定。从这两点出发，工作标准的主要内容应包括：

①总则，即工作标准总纲，包括指导思想、工作方针、目的等。

②任务和内容。其包括工作任务、业务技术范围、工作性质、个人的职责范围及岗位责任等。

③质量和效率。它是对工作要求作出的具体规定，从质和量两个方面保证工作效益。

④工作程序和方法。其包括完成任务的步骤、方法和注意事项等。

⑤工作绩效的考核验收办法。其包括考核检验的内容、时间、方法及每项标准的分值。

3. 技术标准

技术标准是指对具有技术特性的食品管理标准化对象所制定的标准。这类标准在食品保障工作中大量存在。例如，面包加工等设备的使用、维修技术标准，食品器材的型号、尺寸、主要性能参数、质量指标、检验方法，主副食品的等级、质量指标和检验方法等。在实际工作中，技术标准一般都采用国家标准颁发。

食品管理工作的范围很广，涉及的技术标准也多，现就几个主要方面的标准介绍如下：

（1）粮食的国家标准

其规定了各类粮食的质量标准和检验方法。

（2）食用植物油料、油脂的国家标准

其规定了各类食用植物油的质量标准和检验方法等。

（3）食用罐头标准

此标准是在国家有关部门颁发的罐头标准的基础上，增加了相关技术内容制定的，作为罐头生产工厂生产和接收单位验收产品的依据。它比较详细地规定了罐头主要原材料质量规格和各类罐头的技术要求，以及包装、验收等方面的标准。

（4）制式船舶厨具标准

其规定了制式船舶厨具的规格、质量、尺寸等方面的技术标准。

（5）炊事设备标准

是从原材料、技术指标、性能、验收等方面规定的标准。

（6）加工设施标准

其规定了用料、技术性能、验收等方面的综合标准。

三、食品管理标准化的基本要求、内容与方法

（一）基本要求

实现标准化的最终目的是要加强管理，提高管理经济效益和工作效率。因此，在制定标准和实施标准化管理时，应符合以下 3 个方面的要求。

1. 一切活动依据标准

标准化的目的和作用都是通过制定和贯彻标准来实现的。因此，标准化首先要求一切活动都有标准，并以标准为依据。应做到以下 2 个方面。

（1）建立健全食品管理标准

各级都要依据规章制度建立与健全标准体系、相关的技术标准等，根据保障工作实际制定个人、部门和单位工作标准等，使供应管理工作都有标准可依。

（2）贯彻落实标准

对单位、个人和某一项工作都要用标准进行分析和评价，依据标准所规定的指标、数据进行全面的综合评价，只有这样才能得出正确的结论。

2. 一切标准科学量化

标准化的一个重要特点就是科学量化。标准只有量化，才能精确地反映事物的本质。因此，必须把每个单位、每个部门、每个人员的工作数量、工作质量用数量指标确定下来，并通过用具体指标来衡量每个单位和个人的工作绩效。没有量化的标准，就不可能实现标准化管理。食品管理过程中，很多工作都需要量化。制定标准强调量化，正是为了有效地控制管理过程，从而达到工作质量的优化和稳定。对少数不能量化的定性指标，也应做到准确、具体，以便于考核评价。

3. 一切标准落实到人

标准化要求各项标准落实到人。这是因为任何标准只有同人相结合，才能发挥作用。不但每个人都要有相适应的个人工作标准，而且单位工作标准的各项工作指标，也应分别落实到人，使岗位责任制具体化。实践证明，任何一项任务，都要定人员、定数量、定时间，以便各司其职，保质保量按时完成任务，运用这种科学管理方法，既是保证工作质量，又是相互促进的一种激励机制。

（二）标准体系

食品标准体系是指与食品标准化目的有关的标准，按其内在联系形成的科

学的有机整体。

1. 食品标准体系的特征

食品部门的所有标准，无论在质的方面，还是在量的方面都存在着客观的内在联系，相互依存、相互衔接、相互补充、相互制约，构成一个有机整体，这就是食品标准体系。标准体系的结构存在于一定的空间和时间之中，而且不断发展、不断完善。食品标准体系的构成具有以下三个特征。

（1）配套性

它是指各种食品标准相互依存、相互补充，共同构成完整整体的特性，如果没有这种特性，标准的作用就会受到限制，甚至完全不能发挥。例如，食品工作标准，如果没有工作效率标准、工作质量标准、工作方法标准以及具体的业务技术操作方法标准、试验方法标准、检验标准等相互配合，就不能产生应有的效果。因此，配套性是反映标准体系完整性的特征之一。

（2）协调性

食品标准体系的协调性是指标准之间在相关的质的方面相互一致，相互衔接，协调发展的特性。协调性有两种表现形式：一是相关性的协调，二是扩展性的协调。相关性协调是指相关因素之间必要的衔接与一致。如制定食品物资的供给标准，既要有单项（个人）的供给标准，又要有单位的综合供给标准；既要有平时的供给标准，又要有应急的供给标准。扩展性协调是指标准向相邻领域的扩展。如制定船舶人员食品供给标准时，既要从经济上考虑经费可能，又要以船舶人员体能消耗为基础，结合“生理学”“卫生学”等相关学科领域考虑船舶人员在活动中的体能补充等问题。只有这样，才能使标准化水平不断提高。协调性反映的是标准体系的质的统一性与和谐性。

（3）比例性

标准体系的比例性是指不同种类的标准之间和不同专业的标准之间存在着的一种数量比例关系。它是对保障系统的内在比例关系和各专业标准化状况的量的反映。比例性反映了标准体系的量的统一性。例如，制定粮食标准，就要考虑到副食定量的标准，在制定工作标准时，也要考虑到难易程度和技术性的高低确定合适的比例关系。

2. 食品标准体系的结构

（1）空间结构

食品标准体系的空间结构是指食品标准体系在空间上的构造及其内在关系。食品标准体系的空间结构是其层次结构与其领域结构的统一体。

①层次结构。

食品标准体系的层次结构表现为标准体系的分层（分级）及各层次间的关系。这种层次结构，从本质上说是反映事物（标准化对象）内在的抽象与具体、个性与共性、统一与变异的辩证关系。上一级的标准对下一级的标准起着指导和制约作用，下一级的标准是上一级标准的补充和具体化。这样就构成了食品标准体系的层次结构。

②领域结构。

领域结构是指食品标准体系在各部门和各专业之间的横向联系及其展开。由于食品标准的范围十分宽广，因此，食品标准体系的领域结构也非常广阔。如制定食品工作标准、技术标准时涉及的横向联系就比较多。

作为标准化对象的食品管理，从其内涵来看，具有多方面的特性，如技术特性、安全特性、生产特性等。所有这些不同特性方面都需要制定各自的标准，这就构成其领域结构。

（2）时间结构

食品标准体系存在于时间流程之中，是在时间流程中逐渐形成、变化和发展的。在一定时期中，存在着与科学技术管理水平相适应的标准体系。因此，食品标准体系的时间结构，就是标准体系空间结构的发展在时间流程中的具体体现。具体地说，食品标准体系的时间结构，指的是在一定时期内，必须有与当时的科学、技术、经济发展及建设与相应任务相适应，并受当时人力、物力、财力所制约的标准体系。

3. 食品标准体系表

标准体系表是将一定范围的标准体系内容的标准，按一定形式排列起来的图表。它是标准体系的全部内容及其内在结构，包括空间结构与时间结构，用图表加以表达的一种形式。

标准体系表的主要内容包括：一定时期内的全部标准，各标准之间的相互关系，各项标准的优先顺序，与其他专业的配合关系，需要修订、更新的现有标准等。

标准体系表是以表图的方式显示标准体系。标准体系表图可按专业、门类等不同要求进行绘制，也可以由一个总层次结构框图或若干个方框图相对应的标准明细表组成。

（三）基本内容

船舶食品标准化管理的基本内容包括管理范围与工作职责、程序规定、工作指标、质量指标等四个方面。

1. 管理范围与工作职责

首先要对食品管理系统中一定层次范围内的各个部门，上自业务处下至服务中心、伙食单位食堂等加工场所，对它们的工作目标、工作范围作出明确的规定，对这些部门中每个不同工作岗位的各类人员职责，也都作出合理的规定。

2. 程序规定

对各部门和不同工作岗位经常出现的重复性工作，制定出科学统一的工作程序，这些工作程序包括经常性工作，食品物资的储运、接收、分发等供应管理过程中的各项手续规定，食品机械设备的操作规程，膳食加工制作程序等，使全部的常规性工作内容、进程和方法都有章可循，从而保证得到较高的工作效率和良好的工作质量。

3. 工效指标

工效指标是对食品管理过程中的各项工作规定出数量定额和时效要求，明确规定食品员到保管员、炊事员等，在限定时间内，以定量的物资消耗，完成不低于限额的工作量。在这项标准中，必须用各种数据充分表达，以反映指标的精确性，作为考评的标准。

4. 质量指标

质量指标是对食品管理过程中的各项工作效果和膳食质量的具体要求。明确规定在完成以上工作定额的同时，必须从质量方面有相应合理的指标，并尽可能地予以量化。工作指标和质量指标是反映事物数量和质量效果的两个不可分割的方面，必须通盘考虑和全面要求。为区分数质量指标的先进程度，可以根据指标的高低划分出不同的级别，以区分最低要求、一般要求和最高要求。

以上四个方面的基本内容在标准化管理中是不可分割的整体。只有合理地划分职权范围和科学地分工，才能使食品管理各层次各部门间形成完整的系统，相互衔接与配合，岗位与责任明确，围绕一个共同目标进行工作，从而得到较好的工作效益。工作程序的规定是食品标准化管理的最基本内容，只有制定出最佳工作程序，才有可能得到最佳工作效果。工作指标和质量指标是对以上工作程序和成效在数质量上的控制，既是各项工作的具体目标，也是评定效益的基本依据。这四方面的标准化内容，构成了食品标准化管理的基础。

（四）基本方法

食品标准化管理包括管理标准的制定和标准的贯彻执行两个阶段。

1. 食品管理标准的制定

制定管理标准是执行标准化管理的前提。制定标准的程序包括调查研究、编制标准草案、组织试验、修订标准、审批颁发。

首先要对食品管理范围内的各个部门、各个工作岗位和各项具体工作过程进行深入的调查研究，弄清它们的工作关系和工作方法，在总结经验的基础上，充分挖掘人员、物资、时间的最大潜力，研究最合理的职责范围和最佳的工作方法，研究平均工作效率和最佳工作效率。调查研究是制定标准过程的基础，必须投入足够力量、进行深入细致的工作，使整个标准的制定有充分的科学依据。在调查研究并掌握基本情况和取得各项数据的基础上，从职责范围、工作程序、工效指标到质量指标，编制各种标准草案。然后依据标准草案，先在部分单位组织试点，征求群众意见，验证各项标准的合理性、先进性和可行性，在取得经验的基础上对各项标准草案进行修改，然后将标准系列送上级审批。批准后的标准系列就是在一定时期和一定范围内，具有权威性和法律约束力的、必须遵照执行的规章制度。

2. 食品标准的贯彻执行

食品标准化管理的目的在于标准的贯彻执行，只有使各项标准付诸实践，才能达到提高效益的目标。食品标准化管理的贯彻执行，应依靠以下 4 种手段；一是思想教育工作。要尽量使所属人员理解实现标准化管理的意义与作用，消除思想障碍，懂得实施标准化管理的方法与要求，使大家自觉地贯彻执行标准。二是严密监督控制。每个部门、每个岗位和每项工作贯彻执行标准的情况，需要通过上下级之间的监督控制，工作中各环节间的横向监督控制，以及各岗位上的自我监督控制，促使标准要求全面落实，使整个系统的各项工作按照标准的规范运行。三是全面的记录统计。要根据不同的工作和不同的岗位，设计出能够准确显示工效指标和质量指标的简明表格，随工作进展作连续记载，并定期地对个人和部门进行统计，作为考核与评定的依据。四是综合考核评定。主要根据记录统计所提供的全面情况，定期地对部门、人员的工作绩效，作出综合的考核。应采用单项记分的量化方法和综合评定的考核手段，以评定其贡献大小，并按此给予相应的奖惩。同时还要分析考核结果，发现和研究标准化管理过程中的薄弱环节，以便进一步完善和提高。

标准的贯彻执行工作，可大致分为计划、准备、实施、检查和总结 5 个阶段。

（1）计划

在进行标准的贯彻执行时，首先要拟订贯彻执行的方案或计划。在订方案或计划时，要考虑以下因素：一是从总体上分析工作的需要与可能，以及影响贯彻执行的因素与相关条件。二是在确定目标后，要选择合适的贯彻执行的方式和方法。三是要选择好贯彻执行标准的时机。四是在贯彻执行某一项具体标准时，要明确内容要求，规定检查监督办法等。五是要对贯彻执行后的效果进行预测分析，防止追求形式，避免浪费。

（2）准备

准备工作是贯彻执行标准的重要环节。准备阶段的工作做得扎实细致，实施阶段就能比较顺利地进行。准备工作大致有四个方面，即思想准备、组织准备、技术准备和物质条件准备。

①思想准备。

首先要从思想上对贯彻执行标准有一个正确的认识，包括对贯彻执行标准重要性的认识。其次在贯彻执行过程中，要从长远着眼，当前着手，强调顾全大局，方便食品管理工作，实事求是，区别对待。这一阶段最重要的是做好宣传讲解，使大家了解某项标准的意义和作用，争取得到各方面的支持和配合。

②组织准备。

标准的贯彻执行往往涉及计划、技术、检验、财务等部门，这需要主管部门实施集中统一领导，合理组织人力物力，分级贯彻执行。

③技术准备。

技术准备是标准贯彻执行中的关键。要根据发布标准时下达的贯彻执行措施及工作的方案或计划来进行。首先是提供标准的资料和其他材料。其次是针对某个部门提出注意事项。最后是对有些标准要进行贯彻执行的试点工作，取得经验后推广。此外，对贯彻执行标准中存在的问题，要组织力量攻关解决。

④物质条件准备。

标准最终要落实到管理活动中去，常需要有一定的物质条件，也需要做大量的准备工作。

（3）实施

实施就是采取行动，对标准规定的内容在食品工作的全过程中加以执行。实施的具体方式，应根据具体情况而定。对实施过程中可能遇到的各种情况，要区别对待，采取有力措施，保证标准的贯彻执行。

（4）检查

这是标准贯彻执行中的重要一环。加强检查工作能提高工作人员对标准化的认识，使他们多掌握一些标准化的原理和方法，使标准化工作更深入。

（5）总结

总结包括技术上的总结、方法上的总结，以及各种文件资料的归纳、整理，还包括对下一步工作提出意见和建议。

总之，贯彻执行标准要经过计划、准备、实施、检查及总结五个环节，它与全面质量管理的“PDCA”有相似之处。标准贯彻执行的过程也是一个不断循环的过程，这样就能使标准化的水平不断提高。

四、食品标准化管理在船舶部门中的应用

（一）食品部门的标准化管理

食品部门主要指业务管理机构，是管理系统的关键环节。因此，应率先贯彻执行标准化管理。

作为食品管理的领导层，首先应制定管理范围和工作职责标准，管理范围应覆盖本系统的全部，包括食品物资的申请、调拨、储备，伙食管理与生活水平，食品核算等，都应有明确的管理分工，并规定相应的职责，防止出现管理空档或分工不清、职责不明的现象。

除去经常性业务管理工作外，有相当一部分工作是属于随机性的决策工作，具有很大程度的不确定性，这就给标准化管理工作带来一定困难。属于日常性的重复性业务管理工作，完全可以按照有关规章制度，制定不同业务管理的程序标准；而属于随机处置的无明确规定的业务管理工作，则须按照不同业务管理内容和性质，划分不同类型，再规定出比较原则的工作程序标准，以求得管理问题比较迅速圆满地解决。

食品管理的工作标准，应该根据管理层的特点和工作性质加以核定。要按照不同的岗位分工，规定出一定时间内的工作量，特别强调不能延误工作时间。要把解决问题的满意程度、工作态度和服务质量列入重要工作质量标准，也要把不同岗位之间的主动协同，列入工作质量标准的重要内容。

（二）服务中心、食品供应站等单位的标准化管理

服务中心、食品供应站直接为船舶人员伙食单位采购和加工原料、成品或半成品。具有较强的技术管理特点，在标准化管理中，对加工食品必须依据科学生产的要求，强化生产程序和质量指标，应根据不同的生产岗位和加工过程，具体制定出各项生产程序、操作规程、投料配方、原料消耗、产品定额、质量指标等标准，严密控制生产加工的整个过程，以高效率、低消耗争取优质的产品。规范统一采购、统一加工、统一供应、统一结算的程序与方法，提高保障效益。

（三）伙食标准化管理

伙食标准化管理是一项复杂的工作，包括人员的组织与分工、岗位职责、

食谱制定、物资采购与验收、主副食品保管、物资消耗，烹调加工、组织就餐、剩余饭菜处理、设备的使用与保养、经济核算，以及清洁卫生等方面都需要定出一系列的标准，使得每项工作都有人去做，每个炊事员明确自己要完成的工作，何时完成，有什么质量要求等。这就需要科学制定各项切实可行的标准。食谱标准化是伙食标准化管理的重要内容。它是依据营养与烹调的要求，参照本船舶的加工条件、蔬菜品种、生活习惯等因素，优选若干种饭菜及其配料组成与加工方法，并计算其营养成分，使其成为可供不同季节不同情况下选用的科学的标准食谱，这是实现营养配餐的基础。在制定厨房工作各项标准的同时，还必须制定如何高质量地为就餐者服务的各项标准，包括对病号饭、值班人员就餐、就餐者意见征求与改进、经济民主与群众监督、服务态度和礼貌语言等方面，都应制定出具体的标准。使各项工作能够规范化，从而带来管理上的高效益。

第三节　船舶食品目标管理

船舶食品目标管理是食品管理中一种有效的综合管理技术，是通过制定、控制和评定食品保障的目标，对食品保障全过程实现全面综合有效管理的科学方法。

一、船舶食品目标管理的概念、条件、内容和特点

（一）概念

所谓目标，在一般意义上讲，就是目的和标准的统一。它表明人类活动的最终期望和期望结果的可考核性是不可分割的。管理目标是管理组织在一定时期内，管理活动预期达到的结果与其评价标准的统一。目标管理是以现代化管理为指导，是系统工程理论在食品管理中应用的一种科学方法。目标管理就是根据船舶食品保障预期要达到的目标来进行管理，是各级食品部门根据上级计划指示和市场预测，制定出一定时期内食品保障要达到的总目标，然后进行目标的分解，经过上下级协商，制定出下级及个人的分目标。总目标指示分目标，分目标保证总目标，全系统上下左右都具有各自的具体目标，形成全系统的目标体系。并将目标的完成情况，作为对部门和个人进行考核的依据。

（二）食品目标管理应具备的条件

1. 必须贯彻责权利相结合的原则

食品目标管理，必须贯彻责权利相结合的原则，做到有责、有权、有利。

2. 必须全员参加

食品目标的制定和执行要求各级伙食保障人员参加。各级保障人员除了参加起草目标管理计划外，同时也是目标管理的实际责任者。

3. 食品管理的基础工作必须完善

食品管理的基础工作的完善程度是制定管理目标的基础。基础工作主要有以下 4 项：

①食品管理信息工作。应具有较好的数据管理基础，及时收集、掌握所需数据资料。各级业务领导主要靠信息开展食品保障活动，保障人员靠信息从事食品保障活动，如果没有及时、准确的管理信息，就不能从事保障活动。

②食品标准化工作。食品供给标准和工作标准以及技术标准是目标管理的基础，标准应保证其准确性和先进性。

③定额工作。要有健全的定额制度，定额要保持一定的先进性。

④计量工作。计量表要健全、准确。这不仅对保障质量有影响，而且对工作人员积极性也有影响。

4. 能够控制实现目标的手段

伙食管理人员应具备对食品保障过程中的人、财、物等实现目标的控制能力。

5. 充分相信和依靠各级伙食管理人员

对各级人员实现目标要有信心，出现风险要予以鼓励。

（三）船舶食品目标管理的内容

1. 工作的分配

实现目标管理，首先要根据“少而精”“加大工作量”的原则，确定每个人员的工作，并激励他们的积极性和提高他们的工作能力，以便更有效地完成更多的工作量。

2. 制定有效的食品目标

制定目标要从系统的观点出发，以食品管理决策为基础，建立一个以管理总体目标为中心的一贯到底的目标体系。个人目标要略高于个人的能力，以激发管理人员的上进心。

3. 权限下放和自我控制

目标制定后就要具体实施。上级应根据需要，下放一定的权限，而下级在执行上级任务时，既要对照目标检查行动，又要充分利用下放给自己的权限，努力达到目标，这就是自我控制。

简政放权在某种程度上说，是从事管理的基本行为。权限下放应使权限与目标相适应。权限下放并不排除对下级的控制，但这种控制不是干涉下级的具体活动，而是检查其与目标的偏离程度。

4. 成果评价

成果评价是目标管理最后环节，也是下一个目标管理周期的开始。目标成果评价应有助于促进管理人员的积极性和工作方法的改进。

5. 积极开展信息交流

信息交流是目标管理一个不可缺少的重要因素。下级要实行自我控制和采取正确的行动，就必须深入了解上级的方针和目标以及掌握最新的信息。目标横向的衔接和平衡，只有通过不断的互通信息才能协调。

信息交流不仅限于掌握下级任务的完成情况和根据客观情况的变化及时修改和调整目标，而且更重要的是使全体人员自觉地、积极地完成目标。

6. 调动积极性

目标管理的基础是相信人的积极性和能力。因此，上级不是强迫下级去做，而是促使下级自觉自愿地去做，这就需要在整个管理过程中多方激发各类人员的积极性。如恰当地分配任务和授权，制定目标时的上下结合，目标实施过程中的自我控制，在成果评价时重视自我评价，关心各类人员的物质和精神利益，及时给予下级帮助和指导等。

（四）目标管理的特点

1. 综合计划性

各级部门根据管理决策，制定本级总体管理目标，使食品工作在一定时期内的任何计划都能用总目标来衡量。总目标既是计划执行和成绩考核的依据，又是实施奖励的标准。

2. 自觉性

目标管理是组织保障人员参加民主管理的一种方法，目标的制定是依据各部门的实际能力自上而下，通过民主协商共同讨论确定的，目标的制定者同时也是目标的执行者。在目标执行中，以自我控制的方式自觉地对准个人目标，按进度和要求积极担负责任，充分激发责任感，不是要我干而是我要干，尽最大能力把工作干好。

3. 整体性

目标管理把伙食管理的总目标逐级进行分解，建立纵横交错全面完整的目标体系。各部门的每个管理人员都必须相互合作、共同努力、协调一致，实行整体管理，从而完成食品管理的总体目标。整体性目标的实现，把整个系统组成一个有机整体，从而实现食品保障的总目标。

4. 考核性

在食品目标管理系统中，要不断进行目标管理的检查、考核和评价，并据此进行奖励，以激发各类人员的工作积极性，有效地保证总目标的实现。

二、船舶食品目标管理的组织实施

国内外实施目标管理的步骤不尽相同，没有固定统一的模式。根据食品工作特点及食品管理的目的，可采用以下程序和方法。

（一）准备工作

目标是实施目标管理的出发点，也是目标管理的中心内容。制定食品管理目标，要有充分准备，广泛收集资料，进行深入细致的调查研究。

（二）食品目标的确定

1. 制定目标的依据

食品目标是实行目标管理、控制保障活动的依据，目标的确定既是实施目标的出发点，也是目标管理的中心环节。确定目标一般考虑以下几个基本因素。

确定食品管理目标有以下主要依据：

上级指示：其包括国家的方针、政策，上级下达的各项任务和要求等。

调查研究：目标的制定要在充分调查研究的基础上，进行科学的分析和决策，不能搞主观臆断和指标累加。

本部门年度计划和长远规划：例如在年度计划中要求实现的内容和项目。

上期目标执行情况：例如上期目标执行中遗留的问题或必须进行的工作。

本部门状况：针对部门内部当前的客观实际情况，扬长避短，分析当前的有利条件和不利环节，使目标建立在可靠的基础上。

2. 确定食品目标的原则

食品目标确定，主要根据关键性、先进可行性、可考核性、一致性和灵活性等原则进行。

关键性：食品管理的总体目标必须突出一定时期内主要问题及有关食品保障的整体问题，既要全面，又要重点突出。

先进可行性：制定的目标应具有“挑战性”，但又是经主观努力所能达到的，目标应略高于现有实际能力和水平，要发挥目标的动员和激励作用。

可考核性：制定的各项目标应尽可能定量化，便于考核和评价，这是制定目标的关键。目标应把在规定时间内完成的成果用数量表示出来。

一致性：总体目标和各个分目标或具体目标要相互协调，形成上下左右协调一致的有机整体。

灵活性：目标在实施过程中，管理的内外条件和环境在不断变化，要根据变化了的客观情况及时进行调整和修正。

3. 确定食品管理目标的内容

管理目标是在一定时间内一切管理活动所追求的理想期望值。目标的确定要经过反复酝酿讨论过程，由决策层提出若干目标设想方案，经各部门进行讨论，并将讨论意见反馈给决策层。确定目标要根据目标依据，综合平衡，经过定性、定量分析，围绕食品工作中心制定。目标项目的多少也要根据一定时间内的具体工作而定。

确定目标的内容包括目标方针、目标项目、目标值。

目标方针是管理组织在一定时期内总的发展方向、发展战略、发展规模和要达到的水平。例如，某船舶人员单位在本年度内伙食目标方针：加强管理，抓好节约，减少浪费，坚持伙食管理制度，提高伙食管理水平。

目标项目是目标方针的具体化。它具体地规定了管理组织系统为实现目标方针在各个主要方面应达到的主要要求和水平。目标项目的预期结果通常用目标值来实现。目标方针与目标项目是紧密联系、不可分割的。根据上述目标方针，单位伙食目标项目应是节粮节源、坚持制度等。在伙食管理工作中，其目标项目主要有：业务建设目标，包括伙食管理工作近期和中远期的发展目标，如船舶保障部门管理手段的改革、业务建设的发展战略、人才培养规划等；效益目标，包括各项业务工作效率、服务和经济效益达到的水平等。在实际工作中，一个单位的具体目标项目究竟怎样确定，要从实际出发，灵活掌握。

目标值具体表示各项目标应达到的水平和程度。按上述目标项目确定某伙食单位的伙食目标值可以这样假想：节粮——本年度节约粮食 1000kg；坚持制度——每 10 日订食谱，按月公布账目，坚持厨房值班和食物验收制度。

目标初步选定后，再发动人员进行讨论，进一步修改，最后确定目标。目标一经确定，就要严格贯彻执行，不要随便修改。

（三）食品管理目标的分解

管理总体目标确定后，就要将总体目标层层展开，也就是目标的分解。

目标分解的基本方法是自上而下，将总目标按内部设置和管理层次分解。

如食品工作的整体目标，也可以看成是食品工作的总方针，一般可以分解（或展开）为以下 4 个目标：一是准确及时、保质保量地筹划、储备与补给所需食品物资；二是开展业余生产，提高实物补助力；三是充分发挥食品人员积极性与物资效能，提高伙食管理水平；四是组织专业训练，提高食品人员素质。这 4 项目标进一步分解，可以得到比较具体的分目标，并落在较低层次的每个部门、岗位和人员身上。其中对第一项目标再分解，可以包括申请、计划采购、安全储备、及时补充目标，其余几项目标也都可以根据目标所包含的关键性内容，提出先进可行的分目标，分目标还可以继续分解，一直分解到每个具体的工作岗位及个人身上。通常，分解到底的终端目标、责任目标可以落在某个人员或几个人员身上，但某个人员应该实现的工作目标常常不是一个，而是要完成几个目标。

管理目标分解要纵向到底，横向到边，责任到人。各部门和个人的具体目标，是管理者对他们的要求。管理系统在各部门之间要相互了解，充分协调，上下左右形成一个有机整体，建立一个完整的目标体系。在此基础上，将目标展开后进行分解。

目标展开是目标从上到下层层分解、落实的过程。目标展开的内容包括：目标分解、对策展开、目标协商、明确授权、绘制展开图等。（如表 7－1 所示）

表 7－1　横向目标展开示意图

上级目标	计划					实施		检查			评价和遗留问题
	目标项目	目标值		责任单位	负责人	措施和内容	进度	时间	部门	负责人	
		保证	争取								
食品管理总体要求	1. 经费	98	100								
	2. 物资	99	100								
	3. 人员	97	100								
	4. 设备	95	100								

目标展开图是直观形象地显示明确目标与目标责任的图表。这里介绍几种常用的目标展开图。

一是明确目标责任的展开图。这种图主要用来明确目标和目标责任。

二是明确目标进度的展开图。这种展开图是以明确目标和各分项目标值的实施进度为中心展开的，多用条形显示。

三是明确工作安排的展开图，以明确目标和为实现目标的各项工作安排为中心展开。

一般情况下，食品工作的目标大体上可以按以下三层次分解。

要使目标体系能够最终成为目标管理的基础，还必须在确定层次目标和逐级分解目标的前提下，按时序分解目标，同时给各船舶人员目标以量化。

通常食品工作按月制订计划，与此相适应的目标也是年度目标，为了增强目标达成的紧迫感，使目标落到实处。有了目标的时序分解，可以使各部门的工作更有秩序地活动，根据目标的时序分解，可以在一个部门画出目标活动系统运行图，从而比较清晰地显示目标指引下的工作进程。

目标管理必须贯彻量化原则，在目标上应显示质量和数量的标准。较高层的目标量化往往以质量量化为主，较低层的目标量化往往以数量化为主。在确定目标与分解目标的同时，应采用定性和定量相结合的方法表明目标值，尽量使目标做到量化。目标的层层分解，目标值也随之分解，分目标的目标值将更加明确具体，目标值可以显示在目标展开图上，目标展开图在表明目标和目标值的同时，还应显示完成该项目标的关联部门或关联人员，从而使目标、目标的量化标准和责任单位或责任人员连在一起，能够将目标最终落到实处。

4. 食品目标的实施

在明确食品目标与分解目标的基础上，进一步的工作就是如何把食品目标付诸实现。目标实施过程就是目标管理的组织、指挥、协调、控制过程，为确保这个过程正常运行，首先必须对所属人员展开目标管理教育，因为目标管理过程是一项需要人人参加管理的过程，实施目标管理的成效，很大程度上取决于全体人员对目标管理的理解程度和参加管理的自觉程度，应使所属人员改变不适应现代管理程度和旧观念，懂得目标管理的基本要求和方法，以主人翁姿态和高度的自觉性，积极参加到目标管理中来。开展目标管理教育，主要有三个方面：一是管理高效化的教育。目标管理强调工作的成果性，也就是说，不仅强调个人的辛劳程度，还要强调个人效率的反映。工作效率、工作成果、管理效益构成了目标管理高效化的内容。二是民主管理的教育。目标管理切实做到人人参与管理，要千方百计调动群众在管理活动中的积极性。确定目标要和下级商量，分解目标后要允许下级确定“怎么办”。三是管理有效性的教育。推行目标管理，必须树立有效性观念，不能搞花架子，不能搞两张皮。因此要加强对有效性的监督和控制。

目标管理的核心是目标，要使所属人员都非常明确本系统的总目标、本级（或本部门）分目标，以及自己应该承担的比较具体的终端目标。明确自己承担的目标责任，并且懂得自己承担的目标与总体目标的关系。领导部门要在分解目标的同时，对所属单位和个人授予相应的财力、物力和人力的权力，在完成目标时有一定的保障条件。例如，为实现提高伙食管理水平的目标，分解给某保障人员的工作目标。在授予这项目标的同时，需给予一定的训练经费、场地和师资等条件，才可能使这项分目标实现。在逐级分解目标和逐级授权同时，可以采用签发目标责任书的形式，把目标实现用责任文书固定下来，使目标实施人更加明确自己所承担的目标，增强自己实现目标的责任感。

单位和个人在明确目标、目标值和责任以后，就要根据领导所提供的条件来制定对策，选择适宜的方式去实现目标。实现目标的方法往往有几种，必须根据具体情况权衡利弊，分析什么方法能够达到好的效果和最高的效益。例如，某项目标是提高炊事人员的烹调技术。为了达到这项目标，可考虑以下几种方案：一是分期分批委托驻地饮食服务学校代培；二是利用现有设备条件建立培训中心，聘请内外兼职教师；三是委托设备较好、技术力量较强的食堂培训厨工，委托驻地饭店培训厨师。以上几种方案如何选择，需要根据培训质量的可靠程度、经费开支需要多少，抽调培训人员对伙食单位的承受能力等因素进行比较，优选最佳方案，根据选定的方案，再制订目标实施计划，从而保证目标的最终实现。

目标管理主要是解决重点工作和关键工作，对于食品管理过程中大量重复出现的常规性工作，则需要结合规章制度的贯彻执行，实行“硬管理”，形成日常工作的惯性运行。尤其是在食品系统的船舶人员单位，经常重复出现的是技术性操作和服务性活动。必须首先依靠基础管理，严格执行规章制度，建立岗位责任制，实行标准化管理，才能为食堂实现目标管理创造必要条件。食品系统的各级管理层，也必须在建立基础管理的前提下，才能更有效地实现目标管理。

目标管理是经自我控制为主的管理方式，目标经过逐级分解，已经把各层目标的责任落实到每个部门和每个人员身上，人人必须为实现自己所承担的目标而努力，自我控制就是按照个人制订的目标实施计划一步步地去执行，最终保质保量地按照个人制订的计划实现目标。管理层的目标控制过程，除去控制自身必须完成的直接目标以外，主要是对所属部门和所属人员的活动进行检查和监督，协调纵向的和横向的相互关系，提供必要的条件，掌握活动的进程。对所属单位的食品目标控制过程，在很大程度上也就是自身承担目标的实现过程，按照目标活动系统运行图的显示进行活动，运用 PDCA 循环法显示执行情况的分析，是目标控制的有效方式。

实现目标的控制，必须依靠完善的信息管理。食品系统的各级管理机构，尤其是中上层的管理机构，都必须指定专人收集、筛选、积累和处理信息，准确掌握所属单位和人员实施目标的进展情况、遇到的障碍、需要帮助解决的问题，以及对下一阶段计划修订和调整。下级对上级的信息传递，可通过目标管理信息反馈单的形式，定期地（一个月一次或更短的时间）把目标实施过程中的情况和问题向上级反映，为了使信息能及时掌握处理，应该同时依靠口头或电话传递，及时反映比较重要的信息。

5. 食品目标的考评

目标考评，就是把目标管理的执行结果，按照标准进行检查和测量，以确定完成程度，找出执行偏差，为实施奖惩和总结改进管理工作提供客观准确的数据。

目标考评的原则包括以下几种。标准一致性原则：用什么样的目标指导工作，就要用目标完成情况来“量”效果，定奖惩。成果为主的原则：目标管理是成果性管理，成果是考评的依据，完成了目标就得分，成果突出就加分，对于工作量大小和工作难易程度，在制定评分标准时，可加大或减小。逐级考评的原则：由于上级的目标是逐级分解的，下级只对上一级的目标负责，因此，只能是上级负责考评下一级，逐级考评。量化原则：考核要用数据说话，考评标准不仅要对各项工作提出要求，而且要制定出评分细则，每一条标准和要求都要区分出得多少分，达到什么程度得满分，什么情况下不得分，出现什么情况扣几分，并采取累计式评分方法。这样，既能够起到经常检查和激励目标实现的作用，又会使年终考评简便易行，评价准确。

考评方法一般采用积分考评。先将总目标规定总分（如 1000 分或 100 分），然后随目标分解，也将总分分解为若干部分，并根据各分目标在总目标中的地位定出权重，合理规定各分目标的分值，规定的分值要尽可能地与目标值指标相连，成为可以评定的标准。总分既可以是食品总目标，也可以是后勤总目标，食品只是总目标中的分目标，分值也只能是总分值中的一部分。

以上考评标准是完全按照目标的达标程度为依据，同时考虑到每项目标在整个目标中的评价比重，因此每目标的分值标准不完全相等。在各单位之间（或各人员之间）没有条件差别的情况下，可以采用同一考核标准进行评比。但是在实际情况中，各单位和各人员之间实现某项同一目标，它们所处条件往往不一致，甚至有较大的差别。例如，同样要实现“一年内每个伙食单位要有两名等级厨师”的目标，由于各船舶所处条件有时差别很大，以及管理部门重视程度、培训的基础和条件、炊事员的素质等因素不同，有些单位可能比较容易实现，而有些单位可能一时难于实现。因此，在依据达标程度为主要指标的情况下，还必须同时考虑达标的复杂困难程度和主观努力程度，在考评上应增加这部分的条件分值和评价比重，通常应规定达标程度占总分值比重50%以上。复杂困难程度和主观努力程度占总分值比重50%以下，以体现达标程度为主要根据的原则。单项目标成果的考评，可以综合目标完成程度、目标困难程度、主观努力程度三者的分值乘各自比重分数，得到单项目标最终考评的结果。

考评一般应与年终总结同时进行。船舶人员单位可与先进食堂评比结合进行。但是为了掌握管理的进程，作为控制手段，通常采用阶段性考评，通过考评可以比较清楚地了解目标实施的进度，有针对性地指导，组织下一阶段的目标管理，使最终实现目标增加可靠性。

根据年终考评结果，应该实施奖惩，凡是实现目标，并取得优良成绩的都应该给予奖励，以精神奖励为主，物质奖励为辅。食品工作的目标考评，是为了表彰先进、鞭策后进，进一步调动人们的工作积极性与创造性，从而创造出优异的工作成绩。同时，通过目标考评，可以进一步检查目标管理的完善程度，检验目标制订的先进性与可行性，以及目标考评标准的合理性，从而为实现和改进目标管理提供更为成功的经验。

在实现目标管理的整个过程中，必须重视做好所属人员的工作，使其在认清整体目标的基础上，正确对待荣誉，加强上下级之间、船舶人员之间、友邻之间的团结，维护集体利益，充分发挥各自的创造精神，争取整体目标的更高效益。

三、食品核算的任务与方法

食品核算是食品供应与管理活动中记录、计算、核查、分析等的总称。是反映和监督食品经济活动的一种科学方法。办理好食品核算对于组织和保障食品供应，监督和保护食品物资和经费的完整，改善和加强食品管理，防止贪污浪费都具有重要意义。因此，必须重视食品核算工作，认真办理食品核算，充分发挥核算的作用，更好地完成食品保障任务。

（一）食品核算的任务

食品核算是食品供应管理工作的重要组成部分。食品核算的任务是由核算反映和监督的对象及经济管理的目的决定的。

1. 办理食品核算，为食品供应提供依据

正确地办理食品核算，实事求是地反映食品经济活动情况，把食品物资和经费的增减变化和结存情况如实、及时、准确地记录和反映，以便合理、有效地组织食品物资和经费的供应，是食品核算的首要任务。因此，对食品物资和

经费的变动情况要及时记载账簿，做到收支有据，结存有数。要及时准确编报食品报表，为供应提供依据。

2. 进行经济分析，提高食品物资经费使用效益

食品经济活动分析是食品核算的重要任务。如通过食品物资账、粮食账和经费账对食品物资、补贴经费的收入、支出和结存做到心中有数，同时可以分析收入是否合理，开支是否得当；又如通过食品报表的分析，将有关的核算数与计划数相比较，就能看出计划的执行情况；统计生活水平和粮食、经费的节超情况，掌握的生活水平情况和节约工作情况。从而发现工作中优缺点，找出食品供求规律，加强食品供应与管理工作，提高食品物资、经费的使用效益。

3. 实施经济监督，确保食品物资、经费的完整

实施经济监督既是食品核算工作的内在要求，也是食品核算的重要任务。由于核算对任何一项经费业务的发生，均有经办人和书面的核算凭证以及科学的账簿作记载。一旦发生问题，可随时追查。如定期的账目检查、审核决算等都是履行经济监督任务。通过加强经济监督活动，不仅便于对食品供应管理工作的计划领导，使各种物资和经费样样有数，做到合理使用与管理，而且也可以加强工作人员爱护国家财产的责任心，有效地防止浪费和贪污等不良现象的发生，从而保护食品物资和经费的完整。

（二）食品核算的方法

食品核算方法有会计核算、统计核算、业务核算等，以会计核算为主。

1. 会计核算

会计核算是以货币为主要计量单位，对单位经济活动或预算执行的过程及其结果进行连续、系统、全面、准确地记录和计算，并根据记录、计算资料编制会计报表。方法是由填制凭证、记载账簿和编制报表三个相连接的核算阶段所组成的。食品核算采用这一方法，目的在于连续地、系统地、全面地反映和监督食品物资和经费的收支及领报过程，为分析食品工作、解决食品管理问题提供资料。

2. 统计核算

统计核算是用统计数字来反映和研究社会现象的一种方法。它研究的对象不限于经济活动，更不限于某个单位。它的基本方法是由统计设计、统计调查、统计整理和统计分析等阶段组成的。食品核算采用这一方法，目的在于研究食品工作发展现状，揭示现象的本质及规律，为制定食品标准制度和管理决策等提供必要的素材。

3. 业务核算

业务核算是反映个别业务事实的核算。它所采用的方法是不拘形式的。食品核算采用这一方法，目的在于直接满足食品业务工作的需要，弥补会计核算和统计核算之不足。

上述三种核算各有特点和优点，相互补充，有机组成了一个统一的核算体系，只有同时采用这三种核算方法，才能有效地发挥核算作用。食品核算主要是反映食品工作过程中食品物资和食品经费的增减变化情况。因此，主要采用会计核算方法，同时也会用到统计核算和业务核算的方法。

（三）会计核算方法在食品核算中的运用

会计核算的基本方法是通过办理凭证、记载账簿和编制报表具体实施。三者互相连接密不可分，具体方法分别介绍如下：

1. 食品凭证

食品凭证是在每项经济业务开始时填制的，是核算的开始，是一切核算的基础，因此认真仔细地填制凭证，对于完成食品核算任务，发挥核算的作用，具有重要的意义。通过食品凭证的填制和审核，一是可以检查每笔食品业务是否合法和合理，以保护食品物资和经费的完整。二是可以加强食品管理岗位的责任。由于每笔食品业务都要由经办业务的部门和有关人员办理凭证手续，能使有关人员对经办业务的合法性和真实性负有法律责任。这样，就能促使经办业务的部门和人员认真负责，严格按照国家有关政策、标准、制度和计划办事。三是可以如实、及时地反映每笔经济业务的发生或完成情况。对每笔食品业务首先必须填制会计凭证，并且要经过严格的审核，然后才能记入账簿。这样，就可把日常发生的各种经济业务如实地、及时地反映在会计凭证上，并为账簿记录提供真实可靠的依据，为检查经济活动提供重要的原始资料。

食品凭证是多种多样的，按其填制程序和用途，可以分为原始凭证和记账凭证。原始凭证按其来源可分为自制原始凭证和外来原始凭证，按其用途可分为通用凭证和专用凭证。记账凭证按其编制方法可分为收款凭证、付款凭证和转账凭证等。

虽然各种原始凭证所记载的经济业务多种多样，但是无论何种原始凭证都必须具备下列 6 要素。

——凭证名称。

——填制凭证的日期和编号。

——接受凭证的单位。

——经济业务的内容（摘要）。

——经费和物资的品种、数量、单价、金额。

——填制单位和负责人及经手人签名或盖章。

此外，根据实际工作的需要，有的凭证还需要指明填写的依据、记入账簿的名称和页数。由此可见，原始凭证是标志每项经济业务完成的唯一依据，通常也是记账的依据。

记账凭证是由管理人员根据原始凭证的业务内容，按照会计科目编制的，作为登记账簿的直接凭证。记账凭证的内容：凭证名称、填制日期、凭证编号、经济业务内容（摘要）、归属的会计科目和金额、填制和审核人员的签字或盖章等。必须指出，记账凭证只能起到简化记账手续和便于保管凭证之用，不能作为各项经济业务的合法证明。

2. 食品账簿

食品账簿是根据食品凭证时序，分类记录和反映各项经济业务的簿籍。由于每张食品凭证所反映的资料都是单一的、零散的，在一张或几张凭证上看不出食品业务的全貌，更看不出食品物资、经费的收、支和结存情况。所以必须将每张凭证所反映的收支业务系统地、分门别类地记载到账簿中去。通过账簿的登记，既可以提供总体的核算资料，又可以提供明细的核算资料。这样就可以全面系统地反映食品物资、经费保障程度和现有情况，对于组织供应、加强管理有着重要意义。同时，又便于核对库存和检查往来关系。在食品保障过程中，每项收支业务的变化，都将引起库存物资、经费的增减变化和有关单位之间的存欠关系的变化。检查往来关系便于单位之间的结算。账簿的记录又是编制食品报表的重要依据。食品报表数字是否真实，编制报送是否及时，都同账簿的登记有着密切的关系。因此，每一个单位都必须根据上级的统一要求，设置必要的账簿，认真做好记账工作。

在食品核算中，账簿的种类是多种多样的，按其作用、格式、外形和内容的不同，一般可分为以下 3 种类型。

（1）按账簿的作用可分为总账、明细账两种

总账：也叫总分类账，用来反映一个核算单位经济活动的总体情况，是一本综合性的账簿，为编制报表提供总体的核算资料。

明细账：也叫明细分类账，是用来提供明细核算资料的，是总账的进一步说明。明细账可分为分类明细账和分户明细账两种。如船舶人员粮食账除按规定科目建立总账外，还需按供应单位建立分户明细账。

（2）按账簿的格式分，有三栏式和多栏式两种

三栏式：这种账的账页分“收方、付方，余额”或分“增加、减少、余

额”三栏，其是账页中最基本的结构。

多栏式：这种账的账页是根据实际需要开设多栏，用以反映多方面的情况。如现行粮食账中的收方、付方、余额各栏下又分为小麦粉和大米栏目。

（3）按外形的不同，可分为订本账、活页账和卡片账三种

订本账：这种账事先固定页数并按顺序编号装订成册，不能增减和抽换。由于页数固定，所以在启用账簿开设账户时各账户的页码要留有余地。它适用于食品核算中的经费账和粮食账。

活页账：是一种根据实际需要可随时增减账页的账簿，但容易使账页失散和非法抽换。它适用于各种明细分类账和明细分户账。

卡片账：是一种用卡片组成的账页，主要适用各种库存物资账。

常用的账簿主要由账簿起用一览表、账户目录和账页三部分组成见表7－1、表7－2。在账簿启用以后，应填制好账簿启用一览表及账户目录，以便今后装订成册、保管。

表7－1　账簿启用一览表

单位名称		经管账簿人员变动登记											
账簿名称		主管人			经管人			接　管			移　交		
账簿册号		职别	姓名	盖章	职别	姓名	盖章	年	月	日	年	月	日
账簿页数													
使用年度													
单位盖章													

表 7-2 账户目录

账户			账户		
名称	账号	账页	名称	账号	账页

食品会计科目，就是对会计核算对象进行科学分类的类别名称。它是组织会计核算和设置账户的依据。会计科目通常由业务部门以核算制度规定颁发，并且规定了每个科目应包括的范围以及必要的明细分类科目，每个单位也可根据实际需要据实增减。

账户是在会计账簿中对会计核算对象进行分类反映和监督的工具。每一个账户都应当有一个科学而简括的名称，用来反映该账户所记录的经济内容，各个账户所反映的经济内容，既有一定的联系，又有明确的界线，不能互相混淆。因此，设置账户是会计核算的一种专门方法。账户通常也叫会计科目。在习惯上被理解为账户的名称，即对会计对象进行分类的标志。因为科目是账户的名称，所以在实际工作中科目和账户一般没有严格的区别。

但从理论上说，科目与账户是有区别的。第一，会计科目是设置账户的依据，账户则是科目在记账工作中的运用；第二，会计科目只是把会计核算对象进行了分类，本身没有结构，而账户反映在账簿中是有结构和经济内容的；第三，会计科目就是账户的名称，但账户名称不完全是科目。

记账方法，是根据一定的记账原理，在会计账户中登记经济业务的方法。按其登记经济业务的方式，可分为单式记账和复式记账二种。

单式记账：会计核算中，对于发生的每项经济业务只在一个账户中进行等量记载的方法。食品核算中的食品器材账按物资品名设置科目，科目之间没有什么对应关系，因此，采用单式记账法。

复式记账：会计核算中，对于每一笔经济业务同时在两个或两个以上相对应账户进行等量记载的一种方法。复式记账可以全面地、相互联系地反映由于各项经济业务所引起的资金运用及增减变化情况，是一种比较完善的记账方法。我国所采用的复式记账法有借贷记账法、增减记账法和收付记账法。

收付记账法，是在会计核算中以“收”“付”为记账符号来记录和反映经济业务增减变动情况的一种复式记账方法。收付记账法是我国传统的一种记账方法。早期收付记账法为单式记账法，适用较简单的收付经济业务。随着国民经济的恢复和发展，单式记账法已远远不能满足经济管理的需要。据此，经济学家根据社会主义制度下会计对象的内容和特点，以及经济管理的要求，创造出一种复式收付记账方法。

所有经济业务的变化，实质是钱物的变化，因此收付记账法规定把钱、物作为记账的主体，把账务处理中的经济现象视为钱与物的变化。目的是适应人们的认识习惯，便于理解。经济业务的各种变化的内容，都以钱物的收或付作为判断变化的出发点。而钱物的非直接变化的转账业务，则理解是钱物的“虚收”或“虚付”，这也是根据直觉观念，以钱物为对象。钱物的变化，则直接理解为收或付的变化内容。

根据以上两个基本出发点，收付记账法的平衡关系是：收入－付出＝结存。钱的收入必然引起钱物结存的增加；钱物的支出，必然引起钱物结存的减少；转账业务又不影响钱物结存的变化。这样，钱物的收入、付出和转账，都不会影响这种平衡关系的确立。

根据复式记账法原理，每发生一笔经济业务时，都要以相等的数额，在两个或两个以上相关联的账户中进行登记，形成账户的对应关系。

四、食品核算资料的审查、管理与分析

（一）核算资料的审查

1. 审查的对象

对核算资料的审查是一种独立性的经济监督活动，是经济监督的一种形式。会计审查的对象是根据国家法规、经济规章制度，使用专门的方法，按一定的程序，对被审查单位的经济业务进行调查、分析和研究，做出评价，提出处理意见的一种综合性的经济监督活动。由此可见，对食品核算资料的审查亦是如此。食品核算资料审查对象主要包括各种凭证、账簿和报表，以及有关这些资料所反应的经济活动。

2. 审查的内容

食品核算资料要审查的内容是多方面的，但就对食品核算资料审查的全部工作来说，主要包括以下 5 个方面。

①审查食品核算资料是否合理、合法。

②审查食品核算资料是否符合国家财经政策和各项标准制度的规定。

③审查食品核算资料有无伪造、涂改和弄虚作假等现象。

④审查食品核算资料有无因技术上的差错造成的多算、少算及漏算。

⑤通过审查看核算资料是否具有真实性、准确性、合法性和时效性。

3. 审查的方法

为了完成各项审查任务，必须采取相应的审查方法。采用正确的审查方法是发挥审查监督作用的重要保证。审查的基本方法通常有：复算法、核对法、顺查法、逆查法等。现分别介绍如下：

复算法就是对食品经济活动中的各项数字，通过加、减、乘、除的方法重复计算一遍，审查其是否正确的一种方法。如每张食品凭证数量（金额）计算是否正确，每个账户本期发生额和累计是否正确，总账是否平衡，食品报表百分比的比率是否正确，都可以用复算法进行检查。

核对法就是将同一经济业务反映在相互依存的两个方面的记录中或一方记录中和另一方记录中的有关数额，进行相互对照，借以审查是否相符的一种方法。这种相互关系既可能存在于有关原始记录、发票、凭证、账户、账簿和有关报表之间，也可能存在于凭证与账簿、账簿与报表、卡片与实物之间。因此，账证、账物、账表是核对的主要内容。通过审查可以发现错记、漏记、重记，也可能发现弄虚作假、虚报冒领、营私舞弊等违法行为。

顺查法是与食品工作相同的顺序，由凭证到账簿，由账簿到报表进行检查核对的一种方法。由于顺查法是按记账程序逐一仔细地核对，所以账务上的错误和弊端可以无遗漏地揭示出来。

逆查法是与食品核算工作相反的方向，由报表到账簿，由账簿到凭证进行检查核对的一种方法。具体做法是，先审查食品报表的各个项目，从中发现问题，然后有针对性地审查账目，进而审查记账凭证和原始凭证。逆查法的关键是对食品报表的审查，找准审查重点，否则，就会严重影响审查工作质量。由于这种方法是有目的地进行审查，因而能够查出一些重大问题，同时又可以省时。

总之，审查的方法较多，在实践中应根据审查内容的不同，采用不同的方法，以收到预期的审查效果，不论采用何种审查方法，对凭证的审查主要看凭证的填写是否完整、齐全和真实，填制的方法是否正确。对账簿的审查主要是看记录的内容是否真实有据，数字计算是否正确，记载方向是否符合记账规则，要做到账证核对、账账核对和账物核对。对报表的审查主要是看编制的方法是否符合要求，各项报销项目是否符合标准制度的有关规定，反映的各项经济业务是否真实等。

（二）核算资料的管理

1. 核算资料的整理

会计凭证记账后，应将各种凭证定期（按天、月、年）整理，为了便于以后查阅和防止失散，应加上凭证封面、封底、装订成册。在封面上注明：单位名称，所属年度、月份和起讫日期，以及凭证的张数和起讫号数，并由经手人签名或盖章。整理的方法，可按凭证顺序整理，也可按科目分类整理，按科目整理的优点，便于检查了解每个科目所反应的经济活动情况。下面介绍两种凭证封面。

年度结束后，有活页账的单位，应将活页账簿整理装订成册，统一编号，加上封面，连同订本账本一起封扎，归入会计档案。

各种食品报表应定期（按月，季或年）整理，整理的方法，一般是把同类报表整理在一起，加订封面，在封面上注明报表名称、所属年度、月份以及份数和总页数、单位名称，由经办人签名或盖章后装订成册，归入会计档案。

按凭证序号整理时使用的一种凭证封面如图 7－3a 所示。

凭　证　封　面 （第　册　） 凭证期限：　年　月　日至　月　日
凭证序号：　自第　号至　号
单　位：　经手人：
装订日期：　年　月　日

图 7－3a　凭证封面（一）

按科目分类整理时使用的一种凭证封面如图 7－3b 所示。

凭　证　封　面 （第　册　） 所属科目：　凭证张数
凭证期限：　年　月　日至　月　日
单　位：　经手人：
装订日期：　年　月　日

图 7－3b　凭证封面（二）

2. 核算资料的保管

对于整理好的凭证、账簿和报表，平时由经办人保管，年终一律归档保管，严防错乱不全、丢失损坏、霉烂、虫蛀、鼠咬。需要查阅时，应办理一定手续，不得随意让人借走或查阅，为了便于检查各单位经济活动的收支情况，对食品凭证、账簿、报表应该保存一定的年限，其保管年限均从会计年度终了后的下年度1月1日起计算。保管期限按规定执行。在规定的年限内，严禁擅自处理。

3. 核算资料的销毁

各种凭证、账簿、报表在保管期满进行销毁处理的时候，应按程序办理。

编造销毁清册一式两份（见表7—4）。

表7—4　凭证、账簿、报表销毁清册

单位：　　　　　　　　　　　　　　　　销毁时间：　　年　　月　　日

名　称	年　度	数　量	备　注

长：　　　　　长：　　　　　监销人：　　　　　销毁人：

单位撤销时未满保管期限的凭证、账簿、报表应列表报上级业务部门处理；单位合并时，未满保管期限的凭证、账簿、报表，应按规定办理移交，由新单位继续保管。

4. 核算资料的交接

会计交接是一项十分重要的工作，它不仅关系到个人责任问题，而且关系到对单位负不负责的问题，决不能敷衍失职，应付了事。移交人不能把核算资料“包扎成捆各负其责”，接管人也不能“另起炉灶重新立账”。

会计主管和经管人员调离工作或长期离职时，应在单位管理员主持下办理好交接手续后方可离职。船舶伙食单位的人员调动工作时，上级业务部门应派人协助办理交接手续。

移交账簿，必须结清账目，由移交人在结账的余额数字处盖章，并编造余额平衡表，经核对无误后双方在平衡表上签字，同时还应在账簿“经管人员一览表”上填明交接日期，由交接双方和主管人盖章。双方交接手续没有办清以前，移交人不得随便离职，接交人也不要轻易签名、盖章接管。

整个交接应编造移交清单，由双方和监交人签章。移交清单应包括以下内容：

①各种凭证、账簿、报表、资料和文件等；

②现金、食品物资和票证等；

③工作计划及执行情况；

④待办事项及其他。

此外，短期离职移交办法，按单位管理员指示办理。单位合并或撤销时，参照上述办法移交凭证、账簿、报表和文件等，并根据上级批示处理。

如果接交人接收以后，发现移交人所经办的业务有错，其错误仍由移交人负责，必要时可调回原经办人，将错误查清（表7—5）。

表7—5 移交清单

编造单位： **移交日期：年 月 日**

名称	所属时间	数量	备注

监交人： 移交人： 接交人：

（三）核算资料的分析

食品核算资料提供了大量的数据，为我们寻找食品管理规律和加强食品业务管理，提供了可靠的依据。

1. 分析的意义

核算资料分析是以日常核算记录为主要依据，结合统计和其他有关资料，对各单位的食品经济情况进行比较全面深入的分析，它不仅检查食品计划的完成情况，而且进一步分析影响计划完成或未完成的原因。分清哪些原因对于计划是有利的因素，哪些原因是不利因素；哪些原因是主观上的，哪些原因是客观上的。只有查明计划与实际发生差异的原因，找出计划执行过程中所存在的问题，才能结合具体情况，提出改善食品管理的建议或措施。通过分析，还可以检查有关财务和食品标准执行情况。例如，分析费用超支的原因，就可以查明有无铺张浪费和贪污等违纪现象，通过分析，既可以为编制下年度计划提供必要的数据，又可以预测某些经济活动以及为达到预期目标而应采取的措施。

总之，通过对核算资料的分析，能及时总结经验，认识规律，找出差距，从而提高办理核算的水平，加强食品管理工作。

2. 分析的内容

生活水平保障情况：人体摄取热能及热源分配比例，基本标准与补助情况。

收支构成和节超情况：费用的收入、支出构成，粮食的收入、支出构成。

食品经费、物资的耗用情况：用于主食、副食及燃料的开支比例，食物品种构成，自产和购买的比例。

3. 分析的方法

由于分析的目的不同，采用的方法也有区别。下面结合食品业务介绍几种常用的分析方法。

比较分析法——通过指标对比，找出差距及存在的问题，也叫指标对比法。比较分析的内容有：

实际指标与计划指标对比，分析执行情况；

本期实际指标与过去实际指标对比，分析变化趋势；

本单位实际指标与先进单位实际指标的对比，分析差距。

在比较分析时，一是要注意内容、时间上的可比性，二是要注意计量方法上的一致。这样才具有分析的基础。

因素分析法——分析构成某项总指标的各项因素，确定影响总指标变动的主要因素的一种分析方法，因素分析常采用因素分析的方法。

因素分析的方法，是分析影响指标发生变化的主要及次要因素，用这种方法，首先要计量出各种因素在总体中所占的比重，再计算出结构因素的比重和累计比重；其次按比重的大小依次排列，从中找出影响总指标变化的主、次因素。

例如，某单位库存食物过多，影响资金周转，就要分析库存食物的结构，找出哪些是占用资金的主要因素。

以某月库存食物为例，说明见表 7−6。

表 7−6　库存食物

食　物	品　种		累计品种		金　额		累计金额	
类　别	数量	%	数量	%	元	%	元	%
肉　类	3	12.5	3	12.5	240	60	240	60
蔬　菜	6	25	9	37.5	60	15	300	75
调　料	15	62.5	24	100	100	25	400	100
合　计	24				400			

以上所述的比较分析法和因素分析法，都是对经济指标进行数量分析。在

数量分析的基础上，找出差异，进一步查明影响各项经济指标的具体原因。这里应当注意的是，核算资料分析虽然有一定的技术性，但不是单纯的技术工作，还必须深入实际，调查研究，积累和整理已取得的各种数据资料，把业务部门的分析同群众性经济活动结合起来，全面深入地进行分析，以便得出正确的结论，总结经验、改进工作。

五、伙食保障发展展望

伙食保障是一个复杂的系统工程。一方面，社会主义市场经济的逐步完善、信息技术在管理领域的广泛应用，为伙食保障注入了新的活力，同时也提出了更高的要求。另一方面，随着建设的发展，伙食保障在组织体制与保障方式、管理方法上都发生了变化。展望伙食保障发展趋势，归纳起来有以下4点。

（一）优化相对集中办伙模式

1. 实施相对集中办伙的优点

一是增强了效能。实行相对集中办伙，减少了炊事用人，精简了后勤摊子，增加了船舶人员管理的统筹力度。二是提高了伙食保障效益。实行相对集中办伙，减少了伙食单位，简化了供应程序，有效遏制了锅灶中的跑、冒、滴、漏现象，提高了经费使用效益。三是提高了专业化饮食保障水平和质量。饮食保障是一项分工协作性强、技术含量高的工作，分散办伙很难形成专业化分工与协作，技术骨干（等级厨师）也较难以培训与保留，影响饮食保障质量，实行相对集中办伙，便可有效克服上述弊端。四是加强了伙食的监督与管理。提高船舶人员伙食管理水平，离不开上级业务部门的监督与指导。伙食单位过多，保障线拉得太长，势必分散上级业务管理部门精力，造成局部监管空白。实行相对集中办伙，伙食单位相对减少，保障区域相对集中，提高了业务部门监控力度，确保各项管理制度贯彻落实。五是减轻了炊管人员劳动强度。实行相对集中办伙，专业化分工与协作加强，人员素质提高，经费相对集中，可以为各伙食单位配备系列配套的炊事机械设备，既减轻了炊事人员劳动强度，又提高了炊事工作效率。六是为全面推行科学膳食打下了坚实基础。实行科学化膳食，进行营养配餐，不仅能保证广大人员吃“饱”，而且能吃“好”，提高膳食的营养效益。实行相对集中办伙，伙食单位相对集中，保障实力大大增加，有能力和条件为各伙食单位统一配备等级厨师和营养师，使科学膳食有可能变为现实。

2. 相对集中办伙存在的问题

各船舶单位在实施过程中既总结了一系列宝贵经验，但也发现了一些普遍性问题，主要表现在以下3个方面：

一是硬件设施建设不配套。部分单位在实施相对集中办伙后，对伙食单位只是简单地合并食堂，饮食保障装备也只是数量上的叠加整合，出现了就餐人数增多，保障任务加重，基础设施与之严重不匹配的现象。有些单位虽然购置了部分炊事机械设备，但是由于机械化程度低，简单、重复性的手工劳动还相当多，导致保障效率低。多数伙食单位没有配备或只配备了功能单一、检测手段落后的食品卫生检测设备，食品安全问题日益突出。

二是保障费用使用缺乏有效监督。实行相对集中办伙后，费用使用权相对集中，由食品保障单位统一管理支配，表现出职能部门既是食品费用管理的执行者，又是管理绩效的评价者，甚至是管理收益的受益者，船舶人员成为被动的消费者。有的伙食单位为照顾单位领导“利益”，虚退或变相私分食品费用。

三是炊管人员编制不科学。伙食单位合并后，新成立的伙食单位在人员编配上不科学，责任分工不明确，造成有些工作没人管，有些工作人人都插手，出了问题后又相互扯皮推诿，导致船舶人员中队预编的炊事人员中转行、退出的多，炊事骨干流失严重。

3. 深化相对集中办伙对策

（1）加强组织领导，精干人员队伍

要分工专人负责，落实各项工作责任制，把相对集中办伙作为单位后勤工作的一件大事来抓。同时，要组建一支精干的管理队伍，做到统一组织、统一计划、统一管理、统一保障。

实行相对集中办伙，要完善炊管人员编制，在人员重组方面要坚持做到：首先是择优选人。炊管人员由抽组编成，将那些技术好、吃苦精神强、文化素质高、身体健康、热爱炊事工作、热心服务的炊事人员选配到伙食保障队伍。其次是科学编配人员。按照炊管人员与就餐人员1∶25左右的比例成立伙食保障队伍。最后是合理编组预备保障人员，按照相关要求，以应急需要为依据，预编一定数量的炊事人员，确保紧急任务时能迅速抽组编成伙食保障小组，完成应急时饮食保障需要。

（2）因地制宜，加强硬件设施建设

虽然炊管人员编制、生活基础设施和管理模式等饮食保障外部环境不尽相同，但是仍应站在建设的长远发展和全局上来统筹考虑，因地制宜进行硬件设施建设，抓住船舶食堂建设改造等有利契机，坚持“布局合理，规模适度，齐全配套，节约实用”的原则，抓好相对集中办伙单位基础设施规划和建设，努力实现船舶食堂建设的现代化、标准化，膳食制作的机械化。首先，建设与保障能力相匹配的标准化食堂。各船舶在食堂建设和改造过程中，要按照功能区分和饮食卫生要求，设置主食库、副食库、副食配制间、主副食加工间、厨具洗消间、餐厅、办公室、核算室、食品检疫室及附属设施等，形成储存、加工、检验、供餐、管理之间既相互独立又相互衔接的格局。厨房布局要符合“生进熟出一条龙”的要求，避免食物在初加工、深加工、存放过程中产生交叉污染。配备好餐厅基础设施，如不锈钢餐具、不锈钢保温分餐车、制式餐桌椅、消毒柜、超声波驱鼠器、灭蝇灯、紫外线消毒灯、空调等设备。其次，配备先进膳食制作机械。根据船舶伙食单位大小不同，配备不同规格、数量的炊事机械设备，例如，用于蒸米饭和馒头的蒸箱、和面机、面条机、电烤箱、菜馅机、绞肉机、打蛋机、去皮（清洗）机等，实现主食加工和副食的初加工机械化。同时，完善主副食加工机械、食品储运系统及附属设备，实现加工、储藏、保鲜、供应的全过程机械化。

（3）以人为本，提高饮食保障质量

炊事人员是相对集中办伙的直接实践者，其炊事技能能否适应相对集中办伙要求，关系到相对集中办伙的保障质量。加强炊事人员技能培训应注重以下3步。首先，优化专业训练内容。要注重营养学、食品卫生、生理学等专业基础知识的教育培训，做到能合理调配膳食，搞好粗细搭配。由于保障对象大幅增加以及新型食品制作机械的投入与使用，要提高“大锅菜”的科学烹饪水平，提高炊事人员的烹饪技术，采用科学烹调方法保护食物的营养成分，必须加强炊事机械的操作训练和烹饪技能培训。其次，积极运用先进的培训方法与手段。在组织短期集训、岗位训练、分级培训等培训方法的基础上，充分利用网络化、信息化培训模式，加大网上培训、远程培训；加强联合培训，采取“请进来与送出去相结合”的办法，增强培训效果。最后，加强管理人员的培训。相对集中办伙对管理人员的管理能力提出了更高的要求。

加强管理人员的培训主要是对管理人员进行现代科学管理理论培训，提高他们的管理能力与素质，对相对集中办伙实施有效的监督与指导。

（二）伙食管理一体化

伙食管理正由“传统经验型”向“科学管理型”转变。对船舶伙食管理提出了更高的要求：一是伙食管理的人、财、物等资源要得到最佳配置，最大限度地发挥伙食管理要素的功效。二是计划、供应、实施与监督之间形成紧密的协作链，实现管理系统内部协调高效。三是使内部资源与外部资源（如市场）

的一体化集成，降低成本，提高效益。这些要求，需要通过伙食管理一体化来实现。因此，构建一体化的伙食管理模式，既是适应船舶伙食管理的发展趋势与创新伙食管理的客观需要，也是提高伙食质量的内在要求。

1. 伙食管理一体化的内涵

伙食管理一体化是指伙食管理功能结构一体化、伙食管理活动一体化、信息管理一体化。功能结构一体化是指管理部门、服务中心对伙食管理工作实现一体化的管理；管理活动一体化是指伙食计划、伙食保障的组织、供应与生活水平（保障效果）评估一体化。信息管理一体化是指充分发挥信息对管理职能的支持作用，实现伙食管理的各类信息互联、互通、有限共享，在管理上实现开放式监督，在系统内部实现业务集成。

2. 伙食管理一体化的基本特征

构建伙食管理一体化管理模式，是对传统管理模式的改造与提升，是利用信息技术，实现物流、资金流与信息流的整合，从而提高伙食管理效益的有效途径。其基本特征有以下三个方向。

以伙食质量控制为核心。从伙食管理的发展与现状看，监督与控制始终是强化伙食管理的主要措施和手段。但监督与控制主要以行政方法为主，对伙食管理绩效的量化评估不够，控制的作用没有得到充分的发挥，往往出现“控不好，不好控”的局面。而选择伙食质量作为关键控制点，结合适用的控制方法，才能达到既节省控制成本，又提高控制效果的目的。

业务流程以一体化管理为运行方。伙食管理中，伙食计划、供应消耗与生活水平分析评估之间是相互关联，紧密协调的，共同组成伙食管理流程。在传统伙食管理模式下，由于技术条件的限制与机构设置的独立性，伙食管理活动被分割成断裂的环节。如由于手工制定食谱主要依靠炊管人员经验，缺乏定量分析，不仅科学性较差，而且使制定食谱与食物耗用、生活水平分析割裂开来，无法进行比较分析。而通过实现管理一体化，开发与应用系统软件，可以对膳食计划、生活水平等数据进行自动处理与分析，为伙食管理提供历史的、动态的、实时的信息，使伙食计划、供应消耗、生活水平分析评估三个阶段真正实现“一体化”，既相互紧密衔接，又保持相对独立。在这种管理模式下，可以实现伙食管理的适时、及时控制，并提高了控制的科学性。

增强伙食管理透明。在一体化的伙食管理模式下，能够最大限度地实现船舶人员伙食等全过程透明，实现阳光采购、阳光定价、阳光供应。如在生活服务中心内部实现物资超市化供应与应用系统的网络化运行，可以将物价、伙食单位采购情况、生活服务中心保障情况、生活单位制订食谱、预约采购到生活服务中心计划、采购、加工、定价、供应、结算水平等在网上公开，既给船舶人员一本“明白账”，又让管理和监督有本“放心账”，解决以往伙食管理不够“透明”的问题，更广泛地接受群众监督。

3. 伙食管理一体化建设的内容

伙食管理一体化建设包括以下四个方面。一是优化、重组伙食管理业务流程，即结合信息技术的规律对业务需求进行优化或重组，建立符合信息技术要求与统一规范的业务规程、流程及各种凭证报表。这是确保系统一体化建设科学、规范、高效的基础。二是标准制度的一体化建设，即完善相关数据标准、制度及相应评估指标体系等。三是硬件一体化建设。可在充分利用自动化建设成果的基础上，加强船舶人员伙食单位的硬件建设与船舶人员网络建设。这是伙食管理一体化得以实现的物质基础。四是应用系统一体化建设，即在业务统一规范的前提下，按照“信息共享、综合利用”的原则，对应用系统总体需求进行科学分析与规划。

4. 伙食管理一体化模式构想

(1) 建立“营养型”伙食质量指标体系

“营养型”伙食质量是指营养素种类齐全，数量充足，比例适宜，能充分满足就餐者生理需要，并与各级劳动强度相适应的平衡膳食。膳食食物结构合理，饭菜花色多样，安全卫生，加工优良，能较好地满足就餐者饮食心理需求，从而促进食物的消化吸收，保障人员身心健康，增强凝聚力。

“营养型”伙食质量指标体系是评价伙食质量的依据。建立“营养型”伙食质量指标体系要体现科学性、导向性、可操作性相统一的原则。科学性是指遵循营养与食品科学的基本原理，全面与重点相结合，定性与定量相结合，主观与客观相结合；导向性是指指标体系能够充分体现“营养型”伙食质量要求，为组织伙食保障作指导；可操作性要求指标体系层次清晰，防止交叉重叠，利于伙食组织与检验。

(2) 构建“三层递进式”评估与控制机制

伙食管理的控制活动可分为伙食单位评估与控制、服务中心评估与控制、综合评估与控制三个递进的控制过程。伙食单位既是伙食管理活动的出发点，为伙食管理评估与控制提供最基础的数据，又是所有食品管理活动的落脚点。因此，伙食单位处于评估与控制的基础点，该评估机制以“营养型”伙食质量指标体系为依据，实现对伙食质量的控制。对伙食质量的控制不仅要做到客观、量化评估，还要做到适时、适度。伙食单位伙食质量的评估既可以以星期为区间进行，也可以按月进行评估；生活服务中心的评估按月进行；综合评估与控制按月进行。

船舶人员伙食单位：主要针对食物指标与营养指标实行控制。一是通过食谱的自动生成，对伙食质量实现前馈控制。二是系统根据逐日消耗登记自动汇总，评估实际生活水平（主要是食物定量达标情况），实现伙食质量的反馈控制。在时间区间上有一定的灵活性，以利于及时发现问题。

综合评估与控制：一是采用预先目标法，以一月为区间，对伙食单位的伙食质量、服务中心收益使用情况等进行评估与控制。二是采用静态横向对比法，将所有伙食单位的同期评估结果进行比较，并将结果在网络上发布。三是采用动态纵向对比法，分析个别伙食单位（或所有伙食单位）伙食质量的变化情况。由于综合评估与控制要对伙食质量指标体系进行全面的评估与分析，因此仍需要进行适当的检查与调查。

采用“三层递进式”评估，一是可以避免评估与控制的盲目性，预防做表面文章。二是可以发挥各单位的管理职能权限，消除不必要的环节，减少面对面的检查频度，有利于提高炊管人员的积极性。三是评估具有开放性。通过评估对比，可以增强炊管人员的竞争意识与责任感，从而使炊管人员能够将主要精力放在提高伙食质量上，有利于提高伙食管理效益。

（3）开发一体化管理信息系统

实现伙食管理一体化，需要开发与应用一体化的伙食管理系统。伙食管理系统是管理信息系统理论与技术在伙食管理中的应用，利用计算机和网络技术及其配套硬件设备，进行信息的收集、储存、加工、更新与维护，以实现伙食管理的计划、采购、供应、管理、评估与控制全过程规范化为目的的网络型、集成化的人机系统。它可构成一个网络、两个平台、三个系统，实现“四化”。

一个网络：是在船舶物资管理部门、服务中心与伙食单位之间建立局域网。

两个平台：是指统一规范的软件平台和硬件平台。软件平台又包括操作系统平台、数据交换平台、数据库。软件、硬件平台又可统称为应用系统平台。该平台构建完成后，可以满足各个应用软件的开发与运行。

三个系统：即服务中心管理系统、船舶人员伙食管理系统、综合查询分析系统。三个系统之间既相互独立，又紧密联系，共同组成一体化的管理信息系统。

“四化”：开发管理信息系统的目的是实现信息管理一体化，提高管理效率。“四化”具体体现为信息传递网络化、业务处理自动化、管理决策科学化、制度落实规范化。信息传递网络化，是指各子系统之间主要借助计算机网络进行信息传递。通过系统应用，能够实现各机构之间的信息共享，确保数据的准确性、一致性与及时性。业务处理自动化，是指使用计算机、网络等设备进行信息处理和管理决策的过程，包括食谱生成、账务处理、生成各种报表、图表或曲线，如生活水平公布表、生活水平变动曲线等，为管理人员提供利于决策的信息。制度落实规范化，是指通过系统应用，使许多业务处理程序实现标准化与自动化，从而使制度的贯彻落实更加规范。如系统智能化的食谱生成功能，使食品供给标准得到了执行。同时，由于采购计划由食谱自动生成，系统自动汇总，制定食谱成为必需的固定程序，使制定食谱制度得到了落实。

（三）膳食调配科学化

膳食调配是指根据营养素供给量和食物定量标准，合理地采购、配制食物，以满足不同任务的人员在不同环境条件下对热能和各种营养素的需要，达到平衡膳食的目的。营养学家认为：营养学的研究成就，使人们有可能认识到保证人体健康和工作能力所需要各种营养素成分的数量，以及各种食物所含不同营养成分的多少，并由此计划出合理的膳食构成。合理的膳食结构与科学的膳食，对于保障船舶人员身体健康，提高工作效率，具有重要的意义。随着我国经济的发展，人民生活水平的不断提高，以及现代化建设的发展，对科学饮食提出了更高的要求，膳食调配科学化，是今后发展的趋势。

科学膳食，其内容应包括以下 6 个方面：一是食物要多样。这是因为适宜的膳食必须由多种食物构成。我国营养学界将食物分为五大类：第一类为谷类、薯类和干豆类，主要是提供碳水化合物、蛋白质、B 族维生素，也是我国膳食的主要来源。第二类为动物性食品，包括肉、禽、蛋、鱼、奶等，主要提供蛋白质、脂肪、矿物质、维生素 A 和 B 族维生素。第三类为大豆及其制品，主要提供蛋白质、脂肪、膳食纤维、矿物质和 B 族维生素。第四类为蔬菜、水果，主要提供膳食纤维、矿物质、维生素 C 和胡萝卜素。第五类为纯热能食物，包括动植物油脂、各种食用糖、饮料和酒类，主要提供热能。在调配膳食时，这五大类食物均应按需适量摄取，并在各类食物中尽可能地选择不同的食物品种，以达到食物多样化和营养素供给平衡的目的。二是油脂要适当。应注意少使用含饱和脂肪酸较多的动物油脂，脂肪供应量不宜超过蛋白质供应量，蛋白质与脂肪之比应保持在 1∶0.7 为适宜，膳食中脂肪提供的热能占总热能 25%～30%，若超过 30%则对人体产生不利影响。三是粗细要搭配。粗粮、杂粮、糙米、豆类、蔬菜，都是富含膳食纤维的食物。膳食纤维包括纤维素、半纤维素、木质素、果胶等物质，是植物细胞壁的成分，它们在体内不但能刺激肠道蠕动，减少慢性便秘，而且对心血管疾病、糖尿病、结肠癌等有一定预防作用。因此，在膳食中每天要吃不同类型富含膳食纤维的食物。四是食盐要限量。在膳食中食盐不宜过多，食盐含钠和氯，这两者都是人体必需的营养素，但是摄取过多的钠盐是高血压重要危险因素之一，流行病学调查表明，钠的摄入量与高血压发病成正比，在膳食调查中，发现一些单位每人每日盐的消耗量达到 10～15g，食不过咸，每人每日一般以不超过 10g 为宜。五是饥饱要适当。我国人民根据长期养生经验提出“食不过饱”的主张，也就是饮食适度，饥饱适当。其目的是使热能与蛋白质摄入与消耗相适应，因此，在膳食中要防止暴饮暴食。六是三餐要合理。要建立合理的饮食制度。每餐热能分配按早餐 30%，午餐 40%，晚餐 30%较为合理，当然也要根据工作性质、环境、生活习惯等，提倡早餐吃得好一些。

科学膳食的标准，主要是达到 4 项指标：一是每人平均食物供应量指标。每天摄入的食物与食物定量标准规定的定量相当。二是碳水化合物、蛋白质、脂肪量比例指标。在我们日常膳食中，粮食比重较大，因此，碳水化合物比重也大。热能来源有 80%来源于谷类，膳食中碳水化合物、蛋白质、脂肪三者比例在 7∶1∶0.3 左右。在此基础上，今后在膳食调配中，要注意逐步减少碳水化合物，并提高蛋白质和脂肪量，使比例过渡到 6∶1∶0.6，最终达到 5∶1∶0.7 左右，这是比较合理的比例。三是优质蛋白质所占比例指标。目前船舶人员膳食中蛋白质总摄入量虽然不算低，但是其中绝大部分来源于粮食等植物性食物，优质动物性蛋白质所占比例较少。如果使膳食中动物性蛋白质（含肉、禽、蛋、鱼、乳）和豆类蛋白质达到 30%～50%，那么营养状况将得到进一步改善。四是矿物质和维生素指标。目前船舶膳食中所供应的矿物质和维生素不够丰富，维生素 A、维生素 B_2、钙、铁常感不足，为满足人体对矿物质和维生素需要，膳食中注意增加禽、蛋、奶、绿叶蔬菜和水果等。

科学膳食达成的目标，从发展的观点看，应从低到高分为三个层次目标。一是生存目标。这是最基本的目标，解决温饱问题，目前已达到。二是防病目标，包括防止营养不足而产生的各种营养缺乏病，以及防止由于营养不平衡而产生的其他疾病，或者控制间接影响着的其他疾病的发生和痊愈。三是提高机体能力的目标，包括提高体力与智力以增强机体的劳动工作能力，对周围环境的适应能力和抵抗能力。后两个层次的目标是当前已开始解决，而又没有得到完全解决的问题，还需艰苦努力。

实现膳食调配科学化，与科学调配、伙食组织形式和炊事机械化程度有着密切的关系。合理的、高效的、运转协调的组织体制和食品加工机械化水平，是实现膳食调配科学的前提和基础。因此，膳食调配科学化，第一，必须要有合理的伙食保障体制和较高的炊事机械化水平。第二，要提高炊管人员的素质。科学膳食是一门综合性的学问，它涉及营养学、烹饪学、食品卫生学、生理学、经济学，以及现代科学管理等方面的知识，要求炊管人员必须懂得这些知识，并能掌握和运用这些知识。第三，实行伙食管理标准化，包括建立规范化的工作程序，进行制度化管理，按照食物标准和营养素供给量，建立标准食谱，实现营养配餐，通过电子计算机模拟，逐步建立营养配餐模型，用以指导科学膳食。第四，增加必要的经费，提高食物标准，为科学调配膳食提供物质基础。

（四）饮食保障专业化深入进行

总体上看船舶饮食保障，就餐环境有所改善，饮食质量有所提高。但当前还存在一些问题和困难，制约了饮食保障专业化改革的深入发展和保障质量的提高。

首先是“以包代管”倾向比较明显。一是在主副食品采购方面，是否按照有关规定去落实，有没有购进假冒伪劣主副食品，缺乏制约与防范措施。二是在饮食成本核算方面，对成本支出真实情况的掌握不是太清楚，对其利润空间到底有多大、是否超过规定的范围还没有完全掌握。三是在主副食品价格方面，对淡旺季节变化带来的价格变化没有相应的调整办法。四是在卫生监督方面，监管人员平时只能凭感官进行检查，缺乏必要的检验检疫设备，缺乏专业人员的定量定性分析检查。

其次是竞争机制尚未完全形成。有的单位采取的是包伙制，即本单位按合同规定把就餐人员的保障统一承包，由承包商根据合同约定调剂伙食，就餐形式是集体就餐。这种形式承包商之间没有竞争、就餐人员没有选择权。有的单位虽然是分单位交给承包商经营，就餐人员有选择主副食品的自由，但是承包商各管各的“单位”，相互之间没有竞争。由于缺乏竞争，伙食质量较差，质次价高的现象较为突出。

再次是服务保障人员素质不高。一是部分单位监管人员营养膳食知识贫乏，部分监管人员对科学配餐、营养膳食知识知之甚少。二是保障人员服务技能和水平存在差距。少数服务人员素质不够高，有算错账或多收钱的现象。三是承包商聘用的等级厨师数量少，未能达到规定的等级厨师数量要求，大部分单位没有专职营养师。四是应急饮食保障水平不高。大多数船舶应急饮食保障训练没有开展，应急保障设施不够先进和配套，缺乏系统性和针对性训练。

针对饮食保障专业化存在的问题和困难，应加强管理，建立健全各种机制，加强对后勤保障各环节的有效监管。提高饮食保障水平。

切实加大监督管理力度。一是要把好人员关。人员必须经过体检和相应的考核后才能录用，同时要建立健全人员管理规章制度，以制度规范人员的奖惩与进退。二是要把好采购关。这是防止有毒、有害食品流入，保证饮食安全的重要关口。一种方法是监管人员组织所有的承包商，集中到市场采购主副食品；另一种方法是在合同中严格约定，必须在指定的批发市场和超市采购主副食品，禁止随意在其他地点采购，监管人员要定期不定期地进行抽查，发现问题，及时采取相应的措施。三是要把好检验关。购置必要的仪器设备，建立食品检验检疫工作间，安排专人对采购的主副食品进行检验检疫。同时对主副食制成品和库存食物适时进行检查，并督促做好食物留样留验工作。四是要把好价格关。建立成本核算制度，即监管人员要掌握每天的成本支出情况，掌握收益情况，核定饭菜价格，确保其利润率控制在合同约定的范围内，防止出现暴利及损害就餐人员利益的现象。

因地制宜调整改革模式。比较可行的是实行“一卡通”办法，即就餐人员持卡，就可以在不同食堂刷卡就餐，但要相对固定区域，前提是必须有两家以上的承包商。采用这种办法可以有效地促使承包商自觉改进服务、降低成本、提高保障质量。对于就餐人员少、承包商利润相对较低的船舶，应采取捆绑经营方式，即将食堂与其他生活保障项目捆绑在一起，交给承包商经营，让承包商在经营中既有盈利项目，又有保本项目，做到项目之间盈亏互补，总体上有收益。这种方式竞争活力不够，必须加强监管。同时，可根据实际情况，采取主导、聘用服务人员的“内部抽组、无利润式”保障模式，即负责采购、监管与经费结算，聘用服务人员加工制作、卫生清扫、主副食成品供应服务等工作。

着力抓好人员培训教育。一是抓好就餐人员营养知识的普及教育。要通过印制《营养常识手册》和办宣传板报、广播等多种渠道，加大对就餐人员营养知识的普及教育，使其掌握饮食卫生、营养常识等方面知识，增强营养就餐意识，自觉做到合理膳食，实现营养均衡目标。二是督促抓好服务人员的培训。聘用的服务人员必须经过相应的技术培训，禁止从市场临时招聘人员。每年要定期对其服务人员进行培训，服务人员中的等级厨师数量必须达到规定的标准，要有一名以上专门负责营养配餐的营养师。三是抓好监管工作。应有计划地培训监管人员，采取走出去学、请进来教、自学、短期培训以及办讲座等多种形式进行。监管中，通过对市场经济知识、相关法律知识和现代管理等方面知识的学习，促使监管人员掌握招标投标、合同管理、成本核算等方面的政策法规，使之成为行家里手。不仅主管业务部门要承担监管责任，而且就餐人员都要当“监管员”，实行群管群监。四是抓好应急保障训练。制定应急保障预案，筹措和储备相应的器材设施，有计划组织食堂工作人员进行应急饮食保障训练，确保海上突发条件下，船舶饮食保障供得上。

给予必要的经费补助。专业化保障实质是“花钱买服务”，因此，在经费投入与服务成本还有差距，特别是用于改造基础设施、购置配套设备的经费投入较多的情况下，应本着“遵循市场经济规律，实事求是研究论证”的原则。应尽快确定饮食保障相关经费补助标准。例如，对基础设施改造，应给予一定经费补助，以促进这项改革健康、稳妥地发展。

第四节　船舶食品管理效益

一、食品管理效益的概念

某一特定的社会实践，会带来这种或那种特定的结果，这种结果就是它的效果。这种效果如果能对这一社会实践的主体带来某种利益，那么可称为效益，属于经济方面的效益可称经济效益，属于营养方面的可称为营养效益。

食品管理效益作为管理科学的一个范畴应有其科学的含义，它包括食品管理过程中所产生的经济效益、营养效益、物质效益、精神效益、宏观效益和微观效益等，形成了以经济效益、营养效益和其他效益所组成的管理效益体系，它们是相互联系、相互制约、相互表现、相互促进的效益整体。各种效益虽然代表着特定的含义，体现了不同的结果，但都从不同的侧面和角度反映了所费与所耗、投入与产出、最小的劳动消耗与最大的劳动成果、同一消耗与不同效果的关系等。用公式可表示为：

$$\text{给养管理效益}=\frac{\text{劳动成果}}{\text{劳动消耗}}=\frac{\text{所得}}{\text{所费}}=\frac{\text{产出}}{\text{投入}}$$

劳动成果、所得、产出等不是一个抽象的概念，而是客观存在的一系列具体内容。这些内容和任何事物一样，既有质的方面又有量的方面，既有物质方面的又有精神方面的，既有宏观的又有微观方面的，是与一定精神与物质、脑力与体力的耗费直接对应或间接对应的成果。在耗费一定的前提下，成果（所得、产出）越大，效益越好。

劳动消耗、所费、投入是指在食品管理活动中的一切耗费，包括资金的支出、物资的耗费，它可分解为劳动耗费和劳动占用。而劳动耗费又可分为物化劳动的耗费和活劳动的耗费；劳动占用也同样分为物化劳动占用和劳动力占用。所以，劳动耗费一般包括其全部内容。劳动耗费是最根本的，任何管理活动都离不开劳动的耗费。

我们通常说管理效益好，就是用较少的劳动耗费，取得较多的有效劳动成果。管理效益与劳动成果成正比，与劳动消耗成反比，劳动成果越大，劳动耗费越小，管理效益也越大。

食品管理效益，是指对食品工作目标实现的程度，从数量和质量方面所进行的综合评价，即把食品工作中的人力、物力、财力的消耗或占用与食品保障效果联系起来，考核它们之间的对比关系。比如，要评价某一项活动效益的大小、高低，主要表现在两个方面：一是在保障效果（或预定目标）已定的情况下，人力、物力、财力消耗或占用得越少，其效益就越好；二是在人力、物力、财力等资源已定的条件下，保障效果越大，其效益就越高。

二、讲求食品管理效益的意义

食品管理效益是食品管理水平的集中反映，是贯彻食品管理过程始终的一个中心问题。提高食品管理效益，既是从事食品工作必须遵循的基本原则，又是食品管理的直接目的。因此，增强效益观念，着力讲求和提高食品管理效益，对于合理地分配和使用人力、物力、财力，解决食品工作中经常存在的供需矛盾，有效地满足不断增长的需要，加强食品业务建设都具有十分重要的意义。

（一）讲求食品管理效益是适应市场经济发展的客观要求

社会主义市场经济的建立和发展，使食品保障工作面对全新的市场，而市场经济有着内在的规律，它在运行中受着价值规律、供求规律和竞争规律的支配，在食品保障过程的筹措、储备、供应、管理等活动中，均受到市场经济规律的影响。在市场经济条件下，如何实现食品管理中的经济效益和营养效益，是值得很好研究的课题。这要求我们充分利用市场经济的价值规律、供求规律和竞争规律组织食品供应和食品管理，提高食品保障的整体效益，搞好伙食保障。

（二）讲求食品管理效益是缓解食品供求矛盾的有效途径

在市场经济条件下，物价总的趋势是逐步上升，这会导致食品物资实际购买力降低。而随着现代化建设的发展，对食品保障的要求将更高，必将造成食品供求矛盾越来越突出。要缓解这一矛盾，不可能完全靠提高食品供给标准来解决。当然，提高自补能力，弥补供给标准之不足，对提高食品保障水平，缓解食品供求矛盾将起到一定作用，但其缓解程度很有限。在食品供给标准一定的情况下，最根本、最主要在于提高食品管理效益，要求在整个食品管理过程中，在各个食品保障环节上，管好、用好食品物资和经费，做好食品物资筹措科学预测，供应周密计划、合理分配，实行科学管理；食品经费合理开支，计划使用，充分发挥食品物资、经费的效用，在供给标准不可能较大提高的情况下，达到缓解食品供求矛盾的作用。

（三）讲求食品管理效益促进食品管理水平的提高

在我国现代化建设中，任何一个领域里的任何一项管理活动，都不能忽视管理效益问题。

长期以来，船舶食品管理多是以传统的体制、方式方法进行，虽然付出很多劳动，但是也只能停留在一般完成任务的程度上，远未达到高效、低耗、优质的水平。食品管理工作虽然有其特殊性，但是丝毫不能说明在食品保障中可以忽视效益问题。过去，在食品管理过程中有忽视食品管理效益现象，导致一些单位食品管理水平落后，管理效益不高。因此，要改变这种状况，必须端正思想认识，树立效益观念，讲求管理效益，在人力、物力、财力的使用上，采用现代管理方法，科学安排，合理使用，不断提高食品管理水平。

三、食品管理效益指标体系

效益指标，是食品工作效益在数量和质量方面的具体体现，为了全面地反映食品工作效益，必须设置一整套相互联系、相互制约的指标，这就构成了食品工作效益指标体系。食品工作效益指标体系，是衡量食品工作效益的基本尺度。只有建立科学的、合理的指标体系，才能使食品工作效益具体化、数量化、系统化，从而正确反映食品活动的状况，揭示食品活动的规律，找出管理中存在的问题，为做好工作提供完整、准确的信息。

（一）设置指标体系的基本要求

建立和完善食品工作效益指标体系，是一件非常复杂的工作，需要在理论方面和实践方面不断进行探索。但其基本要求是要科学、合理、简明、实用。为此，必须做到：

1. 要从实际出发，符合食品管理的需要

建立和完善食品工作效益指标体系，必须正确反映食品管理的特点和要求，符合食品管理的需要。这就必须从加强和完善计划、统计、核算等工作人手，首先确定基本指标，并在此基础上，由粗到细，循序渐进，逐步提高。

为了适应食品管理的需要，应把核算指标和考核指标加以区别。核算指标是为了从各环节和各类因素中去分析计算食品工作效益的指标，因而可以多设置一些，以便分析差异，找出原因，采取措施来提高工作效益。考核指标是考察、评价不同单位和部门之间工作效益优劣的指标，则应设置得少一些，使其具有可比性。

上述两类指标虽然作用各异，指标的多少也不尽一致，但是都需要在数量上正确反映食品工作效益，因而必须互相配合，协调一致，不能各搞一套，相互矛盾。

2. 要与食品管理体制相适应

不同层次的食品部门和所属的各个单位的工作任务，既有相同之处，也有差异，为此，指标体系必须与食品管理体制相适应，以便实行分级管理。同一指标的用途不同，其内容、范围和计算方法就应保持一致。只有这样，才能保证各项指标数据的准确性，才能据以分析、研究食品管理状况及其效益。

3. 各项指标要尽量做到准确量化

准确量化的指标，可以正确反映食品活动的状况和绩效，便于定量地考核工作，改进食品管理。因此，凡是能够量化的指标，一定要做到准确量化。即便是不能量化的，也应尽量具体化，使之具有可比性，可以采用把同类性质工作，在不同单位、不同时期中加以比较的方法，以求定性指标科学化。

（二）指标体系的构成

食品管理是一个涉及面广且又复杂的工作，在实践中，仅仅用一种指标分析、评价工作效益是不行的。必须从活动的各个领域、各个环节、各类因素等诸多方面去考核和评价，才能对食品工作效益问题有较全面地反映。这就需要建立食品工作效益指标体系。因此，要从全局出发，把宏观效益和微观效益有机结合起来，形成一个相互联系、相互补充的网络体系，作为分析、评价和考核食品工作效益的基本依据。食品工作效益指标体系，主要包括以下几类指标：

1. 反映经济效益和营养效益指标

$$给养保障设施投资效果系数=\frac{该项投资增强的保障能力}{投资额}$$

该项投资增强的保障能力可以用实物来表示，也可用价值来表示。

例题：某船舶投资 30 万元购建一个面包加工设备，产量 62500kg，试算该单位保障设施投资效果系数：

解：

$$投资效果系数=\frac{62500}{300000}=0.0208（千克）（用实物表示的）$$

$$投资效果系数=\frac{62500\times5}{300000}=1.041（元）（用价值形式表示）$$

注：每千克按 5 元计算

$$给养经费利用效果=\frac{给养保障效果量}{给养经费耗费}$$

这个指标通过食品保障成果与食品经费耗费的对比，反映了食品经费效益，保障成果可以既是单方面的，也可以是综合的。

例题：某船舶人员给两个伙食单位拨款进行厨房设施配套建设，其中第一个拨款 10000 元，第二个拨款 8000 元，建成后，按统一标准进行验收，第一个得 95 分，第二个得 90 分，问哪个单位经费使用效果好？

解：

$$第一个单位食品经费利用效果=\frac{95}{10000}=0.0095$$

$$第二个单位食品经费利用效果=\frac{90}{8000}=0.01125$$

因为 0.0095<0.01125，所以第二个单位食品经费利用效果好于第一个单位。

$$固定资金利用率（\%）=\frac{给养保障成果额}{固定资金平均占用额}\times100\%$$

这个指标反映了食品保障中所占用的固定资金情况，表明一定时期内每占用百元固定资产所实现的保障成果额，在食品保障成果额一定的情况下，固定资金占用越少，效益越高；在固定资金占用一定的情况下，食品保障成果额越多，效益越高。适用于服务中心和购买制食堂等。

例题：某船舶食堂全年平均占用的炊事机械、器材等固定资金 41000 元，全年饮食营业额为 140000 元，求固定资金利用率。

解：

$$固定资金利用率（\%）=\frac{140000}{41000}\times100\%=341\%$$

$$流动资金周转率（\%）=\frac{给养保障成果额}{流动资金平均占用率}\times100\%$$

这个指标反映了流动资金的周转速度和库存物资的合理程度，流动资金周转越快，说明资金占用越少，经济效益越高。

例题：某船舶服务中心，全年平均占用流动资金 60000 元，全年产品产值达 120000 元，求流动资金周转率。

解：　$$流动资金周转率（\%）=\frac{120000}{60000}\times 100\%=200\%$$

$$年人均创值=\frac{单位年创值}{年平均占用人数}$$

这个指标是单纯从经济方面来反映人力利用效益的情况，适用于食品活动中的生产和主副食加工等物质生产性工作，通过同以往同类工作创值情况以及同行业创值情况的比较，从中评价人力利用的效益。

$$营养素供给率（\%）=\frac{实际供给量}{标准供给量}\times 100\%$$

这个指标通过膳食所提供的营养素与满足人体需求的对比，反映了食品工作的营养效益，其中可分以下分支项目：①蛋白质；②热能；③维生素；④综合加权平均。

例题：根据膳食营养计算，某船舶单位人均每天从膳食中摄取蛋白质85g，与中度劳动营养素供给标准比较。蛋白质供给率是多少？

解：　$$蛋白质供给率=\frac{85}{90}\times 100\%=94.4\%$$

2. 反映物质效益和精神效益指标

$$物资保障率（\%）=\frac{食品物资实际供应量}{船舶实际需要量}\times 100\%$$

这个指标反映食品物资供应满足需要的程度，食品物资供应与需要的“量”，可以采用综合的“量”，如餐份、日份、人份、基数等，也可以采用单项的数量，如吨、件、套等。

$$供应计划完成率（\%）=\frac{实际供应量}{计划供应量}\times 100\%$$

这个指标反映了供应工作的完成计划情况，供应计划完成率越高，说明计划准确性越高，保障效益就越高。

$$物资利用率（\%）=\frac{物资利用数量}{物资供应数量}\times 100\%$$

这个指标反映了在一定条件下食品物资利用率，物资利用率高，表明食品物资供应准确、适用，效益也就越高。

$$设施（机械）利用率（\%）=\frac{利用数量}{实有数量}\times 100\%或=\frac{实际使用时数}{设计使用时数}\times 100\%$$

这个指标反映了食品保障设施和机械（如库房、炊事机械等）的利用情况。利用率越高，则食品保障效益越高。

$$物资节约率（\%）=\frac{标准定量-消耗数量}{标准定量}\times 100\%$$

这个指标反映了食品物资标准内的节约程度，在保障效果相同时，物资节约率越高，保障效益也就越高。

$$物资保障及时程度（\%）=\frac{按时供应单位数}{总供应单位数}\times100\%或\frac{按时供应次数}{总供应次数}\times100\%$$

这个指标反映食品保障在时间上的效益。及时程度越高，说明保障效益越高。

$$损耗率（\%）=\frac{损耗数量}{食品供给总数量}\times100\%$$

这一指标反映食品保障中财力、物力的损失浪费程度，损耗率越低则反映食品管理的效益越高。

$$就餐人员满意率（\%）=\frac{满意、比较满意人数}{被调查人数}\times100\%$$

这个指标，通过就餐人员反映情况，表明了食品工作的综合效益。

例题：某船舶人员对各单位就伙食管理情况进行一次民意测验。其中，对伙食感到满意的 531 人，比较满意的 742 人，弃权 26 人，不满意的 201 人。求就餐人员满意率。

解：$$就餐人员满意率=\frac{531+742}{531+742+26+201}\times100\%=84.87\%$$

$$服务差错率（\%）=\frac{服务差错次数}{总服务次数}\times100\%$$

这一指标，反映了食品工作的服务质量，差错率越小，说明服务质量越好，管理效益越高。

3. 反映综合效益指标

$$食品人员工作效率=\frac{被保障人数或伙食单位数}{保障人员平均数}$$

这个指标，主要是从每个直接参加保障的人员平均完成的工作量来反映人力利用情况。

例题：某原有船舶食品保障员两人，去年负责全 2000 人的食品保障工作，今年只留一名食品保障员，但被保障人员却增加了 5%。问今年食品人员工作效率比去年提高多少倍？

解：$$去年食品人员工作效率=\frac{2000}{2}=1000$$

$$今年食品人员工作效率=\frac{2000（1+5\%）}{1}=2100$$

$$今年比去年提高倍数（2100-1000）\div1000=1.1（倍）$$

$$炊管人员劳动效率=\frac{就餐人员平均人数}{炊管人员平均人数}$$

$$或=\frac{饮食营业额}{炊管人员平均人数}$$

这个指标反映了一个伙食单位中，每个炊管人员平均担负的工作量。在其他条件不变的情况下，炊管人员劳动效率越高，反映炊管人员劳动组织、技术水平、工作熟练程度和劳动态度越好。其中第二式主要适用于购买制食堂。

例题：某船舶食堂上月份有炊管人员 10 人，饮食营业额 12000 元，本月因就餐人员增加，炊管人员调剂得好，营业额比上月份提高了百分之三十，同时炊事员增加了 2 人，求本月炊管人员劳动效率比上月份提高了多少？

解：
$$上月份炊管人员劳动效益=\frac{12000}{10}=1200（元/人）$$

$$本月份炊管人员劳动效率=\frac{12000（1+30\%）}{10+2}=1300（元/人）$$

$$本月份比上月份提高率=\frac{1300-1200}{1200}\times 100\%=8.33\%$$

$$工作效率潜力率（\%）=\frac{可能达到的工作量-实际工作量}{可能达到的工作量}\times 100\%$$

这个指标反映了食品人员潜在的劳动效率。充分挖掘潜力，以提高人力利用效益。

例题：一个技术熟练的炊事员每小时可手工制作成型 15kg 面粉的馒头，但一名新炊事员由于技术不熟练，一小时只能加工成型 10kg 面粉的馒头。求这名新炊事员有多少工作效率潜力可以挖掘？

解：
$$工作效率潜力率（\%）=\frac{10}{15}\times 100\%=33.33\%$$

$$生活水平达标率（\%）=\frac{平均每人每天消耗物资数量}{标准定量}\times 100\%$$

这个指标通过人员实际吃到的主副食品同食品标准定量的对比，反映了生活水平情况，在费用开支一定的条件下，生活水平达标率高，说明保障效益高。有的单位生产搞得好，有较多的收益补贴伙食，用于伙食的钱多了，实际吃到的食物也会高于标准定量。

例题：某船舶 6 月份实有就餐人数 3300 天，消耗猪肉 396kg、黄豆 148.5kg，求生活水平达标率（只计算猪肉、黄豆两项）。

解：
$$猪肉达标率=\frac{396\div 3300}{0.1}\times 100\%=120\%$$

$$黄豆达标率=\frac{148.5\div 3300}{0.05}\times 100\%=90\%$$

四、提高食品管理效益的途径

食品管理效益的高低是众多主客观因素共同影响作用的结果，要提高食品管理效益必须从多方面着手，促使各因素不断得到改善，协调相互间的关系，以期获得最佳管理效益。我们必须端正指导思想，努力探索提高食品管理效益的途径。

（一）加强人才培养，提高人员素质

加强食品管理人员的培养，建立一支高素质的食品管理人才队伍，是提高食品管理效益的根本途径，是当前迫切需要解决的问题。

提高食品管理人员的素质，应该着眼于以下 3 个方面：

一是要着眼于树立勤恳服务的思想。食品管理是具有大量繁重事务，管钱管物，又直接服务于广大船员的工作。为此，食品管理人员必须牢固树立勤勤恳恳、廉洁奉公、任劳任怨的思想。要教育全体食品管理人员，把群众的物质利益视为不可侵犯的最高利益，以自己的辛勤劳动满足需要，作为个人应尽的职责。如果在管理上图省事、求简单，不按照工作规程管理，不讲究服务周到，就会引起保障质量下降。只有减少物资损耗浪费和提高饭菜质量，在保证人员得到足够数量、饭菜质量的前提下，通过改进工作，努力减少管理过程中的劳动量，才是正确的途径。

二是要着眼于培养开拓精神。各级食品人员要把做好食品管理作为不可缺少的一项事业来看待，树立献身于食品管理工作的事业心。食品管理是一项事业，既要“守”，更要“创”。管理者对于管理工作长年勤勤恳恳、兢兢业业，对于经管的食品财物做到不贪不沾、无损无缺，当然是重要的，但是怎样使食品财物发挥更大效用，往往缺乏更多的考虑，这就难以达到提高管理效益的目标。食品财物和人力的潜力要靠挖掘，挖掘要靠创新。墨守成规是难以实现的。因此需要培养食品管理人员对事业的开拓精神，为提高管理效益而去勇于创新，勇于改革。对于决策者来说，具有这种开拓精神尤为重要，因为这是决策者在食品管理上开创新局面的必要气质。这种精神的培养，主要应通过提高思想水平和科学文化水平、增长知识、开阔思路才能获得。

三是要着眼于提高业务管理能力。食品管理需要研究的问题很多，对食品人员的业务能力要求更高。因此，食品管理人员需要在提高文化科学水平的前提下，不断更新知识，着重学习有关食品管理的基础知识。食品管理人员的基

础知识应包括营养学知识、经济学知识、市场学知识和管理学知识等。只有具备以上的基础知识，在熟悉本身业务管理工作的情况下，才能通过管理能力的增长不断提高食品管理效益。

对于船舶人员炊管人员素质的提高，更应强调勤恳服务的思想，掌握伙食管理和膳食调剂的本领。学会烹调加工技术，具备船舶人员应有的基本素质。

为了有效地提高食品管理人员的素质，应做到培训经常化、形式多样化、内容科学化。组织专业训练是食品部门经常性工作，业务部门必须把专业培训纳入重要的工作日程，有计划地、不间断地进行专业训练。尤其是对船舶人员炊管人员的培训，要选择条件较好的伙食单位，作为经常性的训练基点。训练内容要根据不同对象的不同水平确定，做到分级分班进行。对培训要划分学制，对几门必修课程学习和考核、评定成绩，最后完成学业，达到训练目标。提高食品管理人员的素质，必须采用多种形式，包括分散和集中的、短期和长期的、单项和多项的、在职的和离职的、函授的和面授的，以及现场会、表演会、分析会等生动活泼的教育形式。一方面要采取各种措施，广开学路，用现代经济管理思想和科学知识武装他们。另一方面要用高标准来培养和造就一批批新的食品管理人才，做到后继有人，进一步提高食品管理效益。

（二）采取有效措施，改善物质条件

食品管理效益的高低，受到客观的物质条件所制约，没有一定的食品物质条件，很难产生一定的食品管理效益。所以，千方百计改善食品物质条件，是提高食品管理效益的重要途径。

改善食品物质条件，是硬件建设，属硬投入。第一，要靠增加对食品经费的投入，这是改善条件必不可少的前提。要深入调查研究，科学论证，建立科学合理的食品经费供给调整机制，使食品经费供给标准调整与市场价格变动和建设需求相适应。第二，要适时调整食品食物定量标准，使食物定量标准调整与日益提高的生活水平要求相适应，保证生活稳中有升。第三，要发挥各级部门的积极性，依靠主观努力，扩大补助经费、物资的来源，增加经费、物资补助数量，使食品物质条件有明显的改善。第四，加强生产生活设施建设，改善生产生活条件。根据生产生活发展需要，相对集中财力，搞好食品仓库建设、生产设施建设和船舶人员伙食管理设施与设备建设，做到论证一项建一项，建好一项。这里既有建设项目的投资效益问题，又有完善的生产生活设施所产生的食品管理综合效益问题。

（三）采用现代科学管理方法，提高食品管理水平

食品管理是通过各种管理方法实现的，管理方法是否科学，直接关系到食

品管理效益的高低。船舶食品管理在很大程度上仍属于经验管理的水平，虽然有一定的科学性，但是未能达到现代科学管理水平，集中表现为管理效益比较低。为了食品管理能上一个新台阶，必须采用现代科学管理方法。

在食品管理工作中采用现代科学管理的方法，首先应把食品管理的现代化建设放在船舶建设的大系统中去考虑，从长期建设和全局范围的宏观角度统筹规划。在此基础上，结合食品管理的特点，建立以目标管理为核心的现代管理模式，实现食品管理的最优结合。同时运用标准化管理方法，使食品管理进一步实现程序化、制度化和规范化。运用预测决策技术进行科学决策，减少决策失误。创造条件逐步实现由局部到整体的计算机管理，使管理进入自动化的现代管理水平。

运用现代管理方法实施食品管理，必须从实际出发，结合船舶各级管理的特点进行。首先要遵循有关的规章、制度，这些有关食品管理的法规是实施食品管理的基本准则，食品管理中运用有关经济法规的“硬管理”手段，使之与现代管理方法有机结合，得到适应船舶管理特点的管理效益。

采用现代管理方法，必须改变一些固有沿袭的管理上的落后观念和方法。第一，要建立能级管理观念，实行分级管理。做到食品管理的各级分层管理，上一层管下一层，层层发挥各自的功能。第二，食品管理机构抓下属单位，要把注意力首先放在影响整体效益提高的后进单位，不要着眼于先进单位再提高。第三，管理工作不仅要注意定性分析，而且要注意定量分析，把定性和定量有机地结合起来，科学地分析食品管理效益。

（四）加强信息管理，提高决策水平

各级食品部门的管理者，是获取食品管理效益的组织者，他们决策水平的高低，对于食品工作效益有着直接、重大的影响。决策失误，势必多耗费或占用人力、物力、财力，而且决策的问题越重大，造成的损失和浪费也就越大。如果设计考虑不周，建成后不能使用，造成的损失浪费就大。因此，要使管理者认识到决策正确是提高工作效益的前提。努力采用现代决策技术，认真搞好预测和可行性分析研究，不断提高决策的科学水平，避免或减少重大失误，以提高食品管理效益。其中重要的一环，要求各级食品部门的管理者必须要加强食品信息管理，因为这既是做好整个食品管理的重要条件，也是能否提高食品管理效益的必要前提。在食品管理的全部过程中，信息管理工作存在薄弱，不仅会造成食品管理人力上的浪费和物资上的损失，而且可能会造成不能满足食品需要的严重后果。食品管理效益的提高，是在精确、合理地筹划和运用食品人力与物资的基础上完成的，需要掌握和运用大量的可靠信息才能实现。

加强食品信息管理的关键，是如何全面连续地、及时准确地掌握更多的食品管理过程中所需要的信息。食品管理的信息源来自以下 3 个方面。

一是来自上级管理者，包括有关的食品标准与管理制度，以及各级对食品管理工作各项指示、要求、建议等。

二是来自管理现场，包括管理系统内部的人员、物资以及环境等方面的信息。人员既含管理人员本身的，又含保障人员的各种有关情况，例如人员的数量、素质、执行的任务，以及对膳食的要求和意见等。物资含各类食品消耗物资和各类食品器材设备的数量质量情况，以及储存、使用、消耗等情况。环境方面主要是影响食品管理的其他相关条件，以及市场等社会经济条件。

三是来自新知识，包括有关食品管理的新理论与新方法，食品管理过程中涉及的各种新的技术进展，有关食品生产加工技术、食品物资储藏技术，以及烹调技术等。根据以上信息源可以看出，食品管理要求掌握的信息是多方面的，而且需要有比较大的容量。这些信息中，有一部分相对稳定，不需要经常更新；另外有很大的一部分动态性很强，甚至时刻都发生变化，需要经常更新。例如，食品物资的改善，以及市场的物资与物价变化情况等，需要不断地及时掌握。

为了做到全面、连续、及时、准确地掌握更多的信息，需要在不断接触食品管理信息源的基础上，解决好信息的可靠获取手段，有效地进行信息积累与处理，作出必要的迅速的信息反馈。

食品信息的获取手段，应根据不同的信息源来决定。对于自上级的信息源，主要是按组织系统上传下达，通过文书、电信或面示到达管理机构。对下级来说，一般是比较被动的，但必要时应主动请示、报告，以求得上级的明确指示。对于来自食品管理现场的信息源，信息比较复杂，需要分析情况使之通畅，以建立可靠的信息渠道。这方面主要依靠食品管理系统的按级分层管理办法，有专人专职了解、收集与核实动态情况，并逐级上报与集中。常规工作中的各种信息，应多采用固定的、定期的文书报表，少采用自上而下的收集方法。食品物资与经费情况的信息量较大，而时效较短，必须通过严密的分工保证及时、准确，以增加可靠程度。保障对象的情况变化直接关系到食品管理过程，需要与相关部门建立稳定的信息，避免管理工作上的失误。食品管理环境方面的各种情况比较复杂，有时难以掌握，需要因事而异、随机反应，并建立定期的调查制度。市场情况是活跃因素，应建立与地方互相之间的稳定的双向通道，及时取得各类食品物资信息。对于来自新知识方面的信息源，主要应依靠自身的和有组织的不断学习取得。以上信息源的渠道畅通与稳定可靠，就可以在本级建立起较完整的信息网。

食品核算是反映食品物资、经费等流通与变化信息的重要载体，建立健全各级食品核算制度，是食品部门获取食品信息的重要手段，是整个食品信息网中的组成部分，也是信息管理的重要内容。

在取得多种食品管理信息的基础上，需要加以筛选、积累、加工和处理，取得信息是为了更有效地管理，然而以往的食品管理工作中，取得信息只是管理以后的需要，是为了结算上报，要改变这种管理后反映信息的状况，变为管理前使用信息，要重视食品信息源的筛选、积累、加工和处理。要解决信息的有用性和真实性，需要加以筛选和核实，切实防止信息与事实脱离的现象，通常对于以文书为载体的信息能够保存，而对于其他信息形态则很少注意收集和积累。无论来自哪个方面的信息，都应该有计划地分门别类地加以积累。无论是文书的、电话传输的，或是口头传递的，都要保留下来，积累起来。要改变食品管理部门那种不重视收集情况和积累资料的工作方法。有些情况或资料，分散地、孤立地来看，对食品管理可能无大用处，但是在集中积累并加工处理后的情况下，就能成为管理的重要依据。例如，通过对市场的食品物资供应与物价的长期资料积累与分析，就可看出当地食品物资的供应规律，并能作出预测，这对食品管理有指导作用。通过历年不同月份的粮食消耗的资料积累与分析，就能掌握粮食消耗节超的变动规律。因此，只有做好食品信息的积累和处理，才可能具备食品管理中的预见性。食品管理中的预见性增强了，计划的准确性和可行性就有所提高。只有这样，才能改变食品管理上的被动局面，管理效益自然也会得到相应地提高。

在食品管理信息接收并处理以后，应有信息反馈。信息反馈应该主要地反映在指导今后的管理工作上，如进一步完善管理计划和方法，以及加强某一方面的工作。然而还有一些信息，需要很迅速地直接作出反应并采取必要措施，不能依赖常规的工作方法。例如，某船舶食堂报告发生了食物中毒，某仓库报告粮食被盗，都应该及时地加以指导和处理。因此，业务部门应根据积累的经验，对可能出现的问题作出各种预设信息，要事先设计有快速反应的信息反馈方案，并采取相应的措施，以便提高处置问题的能力。

总之，食品管理效益是一个重要而又复杂的问题，是食品管理一切活动的核心和实质，从内容和范围来看，涉及食品各个方面。从我们对效益问题的认识发展来看，由不重视食品管理效益到讲求食品管理效益，并且科学地提高食品管理效益，需要有一个实践的过程。还有许多问题尚待广大食品人员去研究和探索，使其不断完善和提高。

第八章　船舶食品仓储建设与维护

第一节　概述

船舶食品仓库，是接收、储存与分发船舶食品物资的设施、机构的总称。按物资储存方式，以及储存物资的性质和类别，分为综合食品仓库、专用食品分库等。

随着我国经济建设的飞速发展，装备不断更新和完善，仓储食品物资的品种、号型和数量不断增加、变化，物资性能和特点也各不相同，食品仓库任务越加繁重，在实施食品保障中的作用也日益突出。因此，加强食品仓库建设对于实现食品保障能力，提高凝聚力具有重要的意义。

一、船舶食品仓库的地位和作用

食品仓库是储备和供应食品物资的重要场所，其地位和作用主要表现在以下 4 个方面。

（一）食品仓库是食品物资供应的集散地

集散地是商业储运管理的业务用语，指本地区货物集中外运和外地货物由此分散到区内各地。食品物资品种多、数量大、号型复杂，平时供应点多、面广、线长，对时间、数量、质量要求高。食品物资从筹措生产到供应，始终是一个由分散到集中，再由集中到分散，源源不断的流通过程。食品物资的供应、生产、发放与使用，在空间和时间上都存在矛盾。在空间上，食品工厂大多集中在大中城市，物资生产与船舶人员消费距离间隔近则几十公里，远则数千公里。为了解决食品物资集中生产与分散消费、常年生产与季节供应的矛盾，就需要通过船舶食品仓库的储存中转来进行调节，以保证及时、准确地实施供应。可见，在食品物资供应上，食品仓库的集散作用相当重要，它既是连接生产与供应的枢纽，也是保证食品物资平时供应不可缺少的中间环节。没有食品仓库的储存中转，食品物资供应就没有保障，就会直接影响船员生活，直接影响到全面建设。

（二）食品仓库是食品物资质量检验的关口

食品物资是生活、训练的必需品，其质量好坏直接影响船舶人员的身体健康和训练与生活等各项任务的完成。为了提高食品物资的质量，促使食品工厂保质、保量、按时完成任务，由食品仓库把住质量检验关口十分重要。因此，食品仓库不仅是承担食品物资储存的场所，而且是对食品产品质量进行监督、检查的关口，物资入库时必须进行产品质量验收。虽然在食品物资生产过程中，企业对产品的原料、半成品、成品进行了严格的质量检验，但仍然存在诸多偶然的或人为的影响质量的因素，需要进行入库验收。为此，从维护广大船舶人员切身利益和保障任务的大局出发，各级食品仓库严格把好食品产品质量关，在产品入库时进行严格的质量检验，切实做到不合格产品不得入库，以保证利益不受侵害。

（三）能够维护库存物资的使用价值

食品仓库储存的大量食品物资，是保证生活、训练和执勤的物质基础。而储存的食品物资每时每刻都在发生着物理或化学变化，这种变化因物资本身的性质和所处的环境不同，以及受外界因素影响不同而有所差异，但变化的结果对物资的价值和使用价值都有损害作用。如受热、光、氧、水分、霉腐微生物及仓库害虫的影响和危害，有些物资会发生霉变、虫蛀、老化、锈蚀等质量变化，轻则降低使用价值，重则丧失使用价值，造成一定经济损失。因此，食品仓库为保证物资安全储存，避免质量变化，建立有一整套科学管理制度和养护方法，如库房管理制度、物资检查制度、卫生清扫制度、温湿度测定及调节制度，以及采取防霉、防虫、防老化等各种防护规定。这些管理制度和养护方法的建立与落实，对于维护食品物资的使用价值，确保质量完好，保障供应，发挥了重要作用。

（四）面向船舶人员、服务的窗口

食品仓库作为食品物资储存和供应的基地，担负着食品物资收、管、发、运、修等任务，它既是保障实体，也是与船舶人员密切相关的服务单位。食品仓库担负着物资挑选、修理等任务，整修后供继续使用，弥补标准之不足。与此同时，还经常组织食品服务队，为伤病船员等特殊群体服务，积极为广大船员办实事、办好事，深受广大船舶人员的好评和欢迎。

二、食品仓库的基本任务

食品仓库工作是重要的保障工作。在开展食品仓库各项工作中，要坚持服务导向，以管好物资为中心，以保障供应为目的，全面加强食品仓库建设，不断提高食品仓库管理水平，确保食品物资在任何情况下都能收得进、管得好、发得出、损耗小、及时准确、安全可靠，以适应船舶开展各项任务的需要。

食品仓库的基本任务可概括为以下 7 点。

一是按业务部门的计划，及时、准确、安全地收发食品物资，保障物资供应。

二是做好库存物资的保管、登记和统计工作，确保物资质量完好，数量准确，包装牢固，堆放整齐，保证储存的物资经常保持良好状态。

三是做好仓库消防工作，确保仓库安全。

四是负责食品物资的质量检查，杜绝不合格产品流入。

五是开展修旧利废工作，做好旧品的回收、处理工作。

六是加强仓库机械化、自动化建设，提高物资的储运能力。

七是仓库技术人员的专业训练和考核，开展业务学习和技术革新活动。

三、食品仓库管理的基本要求

根据食品仓库的任务，食品仓库管理的要求可概括为“及时、准确、安全、经济”8 个字。这 8 个字既是食品仓库管理的基本要求，也是衡量食品仓库工作好坏的基本标准。

（一）及时

食品物资供应，有很强的时效性要求，必须讲究供应的时效性。所谓及时，就是要按照食品物资供应的要求，及时组织食品物资的入库和出库，以及对食品物资进行妥善的保管。有以下具体要求。

物资入库，做到及时接运卸车，及时清点验收，及时搬运入库，及时登记账卡，及时传递单据。

物资保管，做到及时检查倒垛，及时封存防潮，及时通风吸湿，及时维护保养，及时处理质量问题。

物资出库，做到及时备货，及时发运，及时办理结账手续。

此外，在仓库管理的各个环节都要求做到及时反馈信息。

（二）准确

食品仓库储存的物资品种多、数量大、品种复杂，其供应是一项涉及范围广、影响面大的工作，其收发物资和办理各类业务手续准确与否，直接影响供应及物资仓储的经济效益，必须注意供应的准确性。所谓准确，就是要求食品物资收发业务管理和账务管理，做到不错、不乱、不差。具体要求做到以下 4 个方面。

①收发物资，做到物资的品名、规格、号型、数量、质量配套准确。

②发运物资，做到发运准确，收货单位、件数准确。

③办理手续，做到账、卡、证、物准确，单据、报表数字准确，反映情况准确。

④财务结算，做到办理物资类别、单价核报准确，结算、账户、账号准确。

（三）安全

仓库是物资集中的地方，食品仓库安全与否，既直接影响的食品物资供应和保障，又关系到人员生命的安危，必须时刻强调安全。所谓安全，就是要加强物资在储存、运输中的质量管理和安全工作，保证物资、设施、设备、人员安全，尽量减少物资的自然损耗和防止各种事故发生。具体要求做到以下 3 个方面。

①物资运输和储存，做到无霉烂变质，无虫蛀鼠咬，无锈蚀老化，无污染损坏。

②物资搬运和装卸，做到无野蛮装卸，无违反操作规程，无意外事故发生。

③安全预防和消防，做到无丢失被盗，无水、火和其他自然灾害发生，以及无泄露。

（四）经济

仓库是管钱管物的单位，节约途径多、潜力大，必须追求经济效益。所谓经济，就是要求注重提高经济效益，最大限度地避免人、财、物的浪费。具体要求做到以下两个方面。

①物资运输，做到运输方式、运输环节、运输工具合理组织安排，选择最佳运输方案，提高运输的经济效益。

②物资储存，做到合理堆放物资，提高库房利用率；科学保管养护物资，提高物资完好率；正确使用、维护仓储设备，延长使用年限；修旧利废，节省材料和器材等。

第二节　船舶食品仓库管理制度

船舶食品仓库管理制度，是关于船舶仓库业务管理、人员管理、物资管理、设施设备管理，以及仓库业务事故等级确定和库房检查评比标准等有关规定的总称。为了实现食品仓库规范化和标准化管理，需要针对食品仓库的特点，制定系统的管理制度。

一、库房管理制度

（一）物资接收

必须按规定和检验标准检查验收，保质保量入库。

（二）物资发放

必须依据凭证和要求，做到及时、准确、安全，交接手续清楚。

（三）业务核算

物资账卡齐全，记载及时准确、清晰规范，凭证完整无缺、装订整齐，各种登记、统计资料齐全。

（四）储存科学

垛位分布合理，物资按生产时间分类，整齐堆垛，通道、间距和垛底、垛位高度均符合要求。

（五）物资维护

定期对库存物资进行检查、倒垛和维护保养；适时通风降温、降湿，使库内温湿度达到规定要求，确保物资质量完好。

（六）检查核对

定期清点数量、抽查质量，核对账卡，确保账卡物相符。

（七）推陈储新

根据物资生产、入库时间和有效期限，及时推陈储新；对临近储存期限且不能处理的物资，应及时报告。

（八）确保安全

严格管理仓库电源及电气设备，动力与照明线路应分开控制；门窗坚固，门锁结实有效；杜绝火种进入库区。有搬运机械的单位，还应定期检查、维护，确保技术状态良好、运行安全无事故。

（九）保持整洁

经常清扫库区卫生，及时清理垃圾、杂草、排水沟，做到无虫鼠、无杂物、无蜘蛛网和浮土尘埃，保持环境整洁，排水通畅。

二、物资收发管理制度

（一）物资接收

1. 接收前“三准备”

准备好场地、垛位和搬运机械。

2. 接收中“六分清”

分清品名、物资类型、等级、质量、生产时间和发物单位。

3. 接收后“五及时”

及时堆垛、核对数量、处理发现问题、办理签收手续、记载账卡。

（二）物资发放

1. 发放前做好四项工作

一是复核凭证“八看准”：品名、物资类别、等级、质量、生产时间、包装数、收物单位和签章手续。二是清点垛位，核对库存。三是检查场地和搬运机械。四是向帮助工作的人员教给方法、交代任务、提出要求。

2. 发放中做到“三清”“三对”“三个一样”

看清发物通知单、点清出库物资、分清收物单位，账与卡对、卡与物对、物与发物通知单对，批量发放与零星发放一样重视、数量多与数量小一样复核、工作忙与工作闲一样执行规章制度。

3. 发出后及时“三清”

一是向领物人交清，二是把垛位余下的物资点清，三是把账卡记清。

（三）物资管理

1. 数量准确

账卡物相符，无丢失缺少，如有多出或缺少应及时查明原因。

2. 质量完好

无霉烂变质，无虫蛀鼠咬，无污染损坏，无老化锈蚀。

3. 堆垛合理

按生产时间分类堆垛，稳固整齐，高度和间距适当，便于通风、清点和收发。

4. 库容整洁

堆垛整齐美观，库内清洁卫生，器材放置有序。

5. 温湿度适宜

适时密闭管理，科学通风降温降湿，库内温湿度符合规定。

6. 设施完好

库房的工具器材和设施设备保养及时，无丢失损坏。

7. 制度健全

按规定统一张挂库房物资堆放示意图、库房业务管理制度、保管员工作职责、业务工作登记簿、查库和库房安全登记簿、账（物资库存账）、卡（物资堆垛卡片）、温湿度登记本。制度必须健全，并严格执行。

三、库房检查制度

（一）上级查库

后方仓库定期开展集体查库。检查内容有以下6项：库房管理制度是否落实，物资数量与账卡是否相符，质量是否完好，设施设备是否安全，使用是否合理，防火、防盗等措施是否落实。在检查过程中，保管员要积极主动配合，虚心听取意见，以便改进工作。

（二）保管员查库

——上班检查。上班时应检查库房门窗是否完好，物资有无短少。

——质量检查。对库存物资每月检查三次，特殊情况随时检查。并及时记录检查结果，发现问题要迅速查明原因和报告领导。

——渗漏检查。雨季要经常检查库房，发现渗漏要及时报告，并立即采取相应措施。

——下班检查。下班时应检查物资、器材有无短缺，有无危害因素，电源、门窗是否关闭。

四、钥匙管理制度

食品仓库的库房钥匙要集中保管，使用时要严格领交登记手续，用后及时交回，非工作时间个人不得保管。食品仓库的库房钥匙应存放于保险柜内，妥善管理。严禁交给无关人员或携带外出。

保管员入库，要将钥匙随身携带，不得将钥匙留在锁上。出库时要检查钥匙是否随身携带，门是否锁好。

一旦发现钥匙丢失，要立即报告，并巡视库房，检查有无异常变化，然后及时更换新锁。对违章丢失者应视情处理。

五、物资出入库制度

食品物资出入库房必须有食品部门主管助理员开出的有效调拨凭证，严禁白条发放和不开收据。

非本部业务人员，未经许可不得进入库房，因工作需要进入库房者，必须经食品部门领导批准，并有业务人员陪同。

批准进入库房的人员，应认真遵守仓库各项规定，未经许可不得随便翻运物资。

请领物资者，应持有效证件在发货间等候，并不得高声喧哗。

除季节性物资收发全天进行外，每周安排仓库正常收发时间，其他时间整理仓库和学习业务，非业务部门提前通知或特殊情况时不办理收发业务。

出入库制度应张贴在仓库醒目处。

六、清库制度

清仓查库是全面了解库房工作的重要活动，应集中精力，切实做好。

清库内容包括，彻底清查库存物资数量、质量，核对账目，查明积压物资品种、数量和质量。发现问题，要尽快研究，改进管理方法。

清库工作通常在仓库管理员的组织下，由业务处负责，吸收有关人员，组成清库小组实施。必要时可请上级业务部门派人参加。

清库小组对工作要认真负责，不图形式，不走过场。对库存物资要逐个品名进行清点，查清数量，核对账卡，有针对性地检查质量。同时对库房管理、规章制度的落实以及保管员的业务水平进行检查。

七、库房设备管理制度

库房设备是根据业务需要配备的，是食品仓库完成保障任务不可缺少的基本条件之一，必须做到妥善保管，合理使用。

库房设备一般包括垫木、盖布、搬运机械、防潮吸湿机械、包装器械等，视各单位实际情况的不同而有所变化。

对于库房一切固定设备、器材，仓库业务部门和库房均要分别建账登记，做到账物相符。

对于库房设备要认真爱护，正确使用，定期维修保养，保持良好的备用状态。发生丢失损坏，要查明原因，严肃处理。

凡属仓库使用的各种设备均应有专人负责，妥善保管，合理存放，一般不得外借和挪作他用。

八、押运工作制度

因为仓库工作人员经常参与物资押运，所以应熟悉押运制度；熟悉和遵守铁路、公路、水路以及航空运输的有关规定；接受押运任务，办好押运手续，带齐有关证件、凭证、行李和饮食。

掌握所押运物资的装载位置、收物单位、卸载地点、送达时间，以及沿途有关情况；并到装载现场核对物资品名、数量与包装，严格检查装载是否符合要求。

认真履行职责。押运途中必须提高警惕，不得擅离职守，应经常与调度人员取得联系，及时了解运行情况。遇到特殊情况，应尽快向有关部门和本单位报告。注意安全，严禁酗酒和生火吸烟，不准加装其他物资和搭乘其他人员。

九、业务训练制度

为不断提高食品仓库业务人员的业务素质和工作能力，必须建立完善的训练制度，并切实加强组织领导，严格训练和要求。这是加强食品仓库建设的重要措施。

仓库管理者和有关业务部门要制定年度训练计划，训练重点是业务人员和保管员。开展训练要结合仓库特点，做到资料齐全、教材齐备，并采取多种灵活有效的训练方法，努力提高训练效果。

通过训练，业务员要熟练掌握本职工作内容，明确责任分工，把握工作重点，保证以物资供应为中心的各项工作顺利落实。保管员应达到“四熟悉”“七会”。“四熟悉”即熟悉规章制度和工作职责，熟悉库存物资品种、数量、质量、用途、生产时间、储存期限，熟悉物资存放位置、包装数、体积、装载量和有关运输常识，熟悉物资性能和保管保养方法；“七会”即会收发，会堆垛，会检查验收，会观测和调节温湿度，会记载账卡，会填写报表，会使用库内机械设备和消防器材。

各级人员的业务训练结束时，要有考核、登记，做到人员、时间、内容、效果四落实。

十、业务事故、差错等级规定

（一）事故等级规定

凡物资因丢失、损坏、被盗、霉烂、锈蚀、虫蛀、鼠咬而报废或转级，错发品名、规格、号型、数量、单位、地点、生产时间，损坏库房设备等，造成严重损失的（以物资计价）；无特殊原因拖延应急保障和抢险救灾物资发放，造成严重后果的，按规定划分事故等级，共三级：一等事故、二等事故、三等事故。

（二）自然灾害规定

凡因人力不可抗拒的自然灾害造成的损失，不列为等级业务事故，但应积极采取抢救措施，努力把损失减少到最低限度。如果保管员面对自然灾害不迅速采取措施，或措施不力，那么由此造成的损失则按责任事故论处。

（三）事故上报时间规定

发生业务事故后，保管员必须立即上报食品部门领导、主管助理员和有关部门，并在5日内填报“食品仓库业务事故、差错报告表”，报上级食品部门。

（四）处理办法规定

凡发生业务事故，保管员应迅速查明原因，写出书面检查、吸取教训；并根据其情节和性质，由有关部门按相应规定追究当事者的责任，给予相应的处罚；对发生业务差错者，食品部门应视情况进行批评教育，并给予适当经济处罚。

第三节　船舶食品仓库管理主要内容

船舶食品仓库管理的主要内容有三个方面，即“收得进、发得出、管得好”。前两者为动态管理，后为静态管理。

一、收得进

所谓收得进，就是仓库接收发运来的物资。这是仓库的主要业务之一，必须要严密组织、严守制度、严格按程序办事。具体讲有10个工作步骤。

一是看清凭证。食品物资无论是从工厂还是从其他仓库发来，也无论是整体发运，还是零担发运，每批货都有一个详细的发物清单，仓库在接收物资时，要首先把它看清楚、弄明白。

二是检查质量。这是接收物资时一个不可缺少的关键环节，必须要严格把关。对质量的检验，仓库主要是通过手摸、眼看、鼻闻、品尝、耳听的方法，来辨别物资的外形、颜色、气味、滋味、温度、湿度以及含杂情况，确定质量的好坏程度。凡是经检验确定不合格的食品不能入库，并及时报上级食品部门处理。

三是清点数量。清点时，要先清点整包，后清点零头。包装破损或变形变色的物资，要拆包拆箱逐件清点；粮、油、豆等食品要过称检斤。发运方有押运员时，要与押运员共同清点。

四是开出收据。与押运员交接清楚后，要及时在发物清单或“押运回执”上签字。如果发运方没有押运员，要在收到货物的 10 日内，将物资签收单据邮回发货单位。

五是反复核对。接收物资的人员要对照发物清单上的物资品名、型号、数量，与实物反复核对，确保数量相符。

六是分类上垛。接收物资后，仓库要尽快组织人力将物资堆放到预定的位置。堆垛时，要一个品名堆一个垛，一个型号堆一个垛，不能一个垛位上堆放几个品名的物资，也不能一个垛位上堆放同品名不同型号的物资，新旧品分开。

七是填写卡片。在库房内，每个物资垛位都应当有一张记录品名、型号、收发数量和来源去向的卡片，堆垛完成后，要及时把新上垛的物资品名、型号、数量、来源和入库时间填写到卡片上。

八是复核卡物。就是在本批物资全部堆垛完毕后，要复核一下卡片记载的内容和实物是否相符。

九是登记账目。食品仓库分别建有被装物资账、食品物资账和仓库设备、工具账，有的仓库还建有被装物品旧品账，应急食品物资还要单独记账。在物资入库后，保管员和助理员要按照账目管理的要求及时登记入账。

十是核对账卡。记账完成以后，要把账上的记载和垛位卡片上的记载进行核对，确保账、卡、物相符。

这十个步骤环环相扣，既是仓库管理工作经验的结晶，也是防止差错事故的有效措施，作为食品部门领导一定要督促仓库在收进物资时严格遵守。

二、发得出

发得出，就是发放物资，这是一个最容易发生差错事故的环节，要求必须细致、准确、快捷、安全和服务热情。在这个工作环节上要注意三点。

（一）必须依据凭证发放

仓库发放物资，必须要依据本级食品部门的通知单进行，在特殊情况下，也可以根据食品部门的指示和电话通知发物，但必须做好记录，并在5日内补办正式出库手续。对发运的时间、到站和物资品种、质量、型号或规格，要严格按照食品部门的计划执行，未经批准，不能变动。绝对禁止任何单位和个人擅自动用库存物资，严禁白条发物。

（二）必须落实发放制度

发出物资中，要严格落实“三清、三对、三个一样、一个及时”的发放制度。

“三清”是把支（价）拨通知单看清、把出库物资点清、向领物人交清。

“三对”是账与卡对、卡与物对、物与支（价）拨通知单对。

“三个一样”是成批发放与零星发放一样重视、发放数量大与数量少一样复核、工作忙与闲一样执行规章制度。

“一个及时”是按规定的时间及时发出。

（三）必须热情周到服务

仓库工作人员（特别是保管员）必须牢固树立为船舶人员服务的思想。在发放这个环节上，一定要注意做好三点：一是在发放顺序上要保障一线船舶工作人员；二是在调换物资上，要尽量做到随到随换，尽可能满足需要；三是在对待服务对象上，要做到“四不准”，就是发放物资时，不准要态度，不准无故拖延时间，不准无故拒发，不准刁难领物和调号人员。坚决杜绝出现“门难进、脸难看、事难办”的现象，积极主动地为船员服务。

三、管得好

按照物资的运动状态来分，仓库物资管理可分为动态管理和静态管理两个方面。动态管理就是物资收发管理，静态管理是指库房管理和安全管理。

（一）库房管理

库房管理的基本要求主要有7条：

一是规章制度全。《库房管理制度》《保管员评比条件》《保管员一日工作程序》《堆垛示意图》要在库房的明显位置悬挂整齐，《物资收发保养登记簿》《设备使用维修保养登记簿》《查库和库房安全登记簿》《设备、工具账》要登记及时，放置有序。

二是库房条件好。要做到屋顶不漏雨、不渗水；地面和墙不泛潮；垛底垫木完好，高度在25cm以上，楼库二楼以上垫木高度在10cm以上；门窗坚固、防盗；库房温湿度控制在“三七线”以下（温度30℃，相对湿度70％）。

三是库内设施齐。要做到温湿度计性能良好，摆放位置适当；收发保养小型工具齐全配套，放置有序；机械设备完好率在90％以上。

四是物资堆垛牢。要做到上下垂直，左右成线，标志朝外，无倒置，“一垫五不靠”。

五是零头保管好。零头物资要进箱入柜，包盖严密，排列有序。

六是物资数量准。要定期清库，库内无账外物资，无品名、型号顶替，无被盗、短少。

七是物资质量高。要定期抽查物资质量，按时记录库房温湿度，物资无虫蛀鼠咬、无霉烂变质、无表面污损。

这7条要求是库房管理要达到的基本标准，必须要严格落实。

（二）安全管理

安全管理是仓库管理的大事，是保证仓库职能任务完成的基本条件。一般说来，仓库安全管理有四个方面的内容：一是建立健全安全管理规章制度，加强人员管理，严肃法纪。二是搞好安全教育，加强专业训练，提高仓库人员的业务水平和业务技能，确保技术作业安全（电路、机械设备）。三是搞好消防工作，防止物资被盗和火灾发生。四是制定应急方案，加强安全检查，防范自然灾害的侵袭。这四个方面相互联系、相互作用，少了哪方面都织不成完整的仓库安全网。但其中的关键是制度建设和人员管理。所以，对仓库安全既要抓好全面，又要抓好重点，严格落实逐级检查制度，做好经常性的安全管理工作。

参考文献

［1］鲍拉基斯，韦特曼. 食品供应链管理［M］. 陈锦权，等译. 北京：中国轻工业出版社，2010.

［2］何静. 食品供应链管理［M］. 北京：中国轻工业出版社，2016.

［3］陈默，孙炳新. 活性包装与现代食品保鲜技术［M］. 北京：中国农业出版社，2020.

［4］黄继忠. 远洋船员营养卫生与常用食谱［Z］. 广州远洋船员管理公司，2005.

［5］王淑贞. 水果贮运保鲜技术［M］. 北京：金盾出版社，2013.

［6］包骞，兰秀凯. 远洋船舶蔬果保鲜实用技术指南［M］. 北京：国防工业出版社，2009.

［7］周超. 加强部队装备管理的信息化建设及对策研究［J］. 锋绘，2019（3）：142－143.